U0306445

●《新型职业农民培训手册》系列丛书

吉林省水稻

生产实用指导手册

◎ 马　巍　侯立刚　齐春艳　主编

中国农业科学技术出版社

图书在版编目（CIP）数据

吉林省水稻生产实用指导手册 / 马巍，侯立刚，齐春艳主编．—北京：中国农业科学技术出版社，2018.1

ISBN 978-7-5116-3396-5

Ⅰ．①吉… Ⅱ．①马… ②侯… ③齐… Ⅲ．①水稻栽培－吉林－手册 Ⅳ．① S511-62

中国版本图书馆 CIP 数据核字 (2017) 第 292079 号

责任编辑　李　雪　梁　虹　徐定娜
责任校对　贾海霞

出 版 者　中国农业科学技术出版社
　　　　　北京市中关村南大街 12 号
电　　话　(010)82109707、82105169（编辑室）
　　　　　(010)82109702（发行部）(010)82109709（读者服务部）
传　　真　(010)82109707
网　　址　http://www.castp.cn
经 销 者　各地新华书店
印 刷 者　北京富泰印刷有限责任公司
开　　本　710mm×1 000mm　1/16
印　　张　5
字　　数　96 千字
版　　次　2018 年 1 月第 1 版　2018 年 1 月第 1 次印刷
定　　价　48.00 元

《吉林省水稻生产实用指导手册》编写人员

主　　编　马　巍　侯立刚　齐春艳

副 主 编　刘　亮　刘晓亮　郭晞明

参编人员　岳玉兰　侯林含　徐　冲　陈莫军

刘鑫佳　孙洪娇　韩立国　高　军

李宏程　付立中　闫　昊　刘　卓

侯佳贤　贾　军　贾兴文　崔立杰

王　亮　李　刚　佟　岩

前 言

吉林省位于我国东北地区的中部，全省土地面积约1 874万公顷，四季气候特点表现为春季干燥多风沙，夏季温热多雨，秋季降温快霜期早，冬季漫长严寒少雪。全省年平均气温在2~6℃，1月最冷，7月最热。降雨量由东南向西北递减，雨量主要集中在5—9月，非常有利于发展水稻生产。

目前，吉林省已成为我国北方一季寒冷粳稻主要产区。虽然吉林省稻作历史较短，但栽培技术发展却相对较快，从20世纪70年代开始，吉林省水稻科研工作者就先后育成以“长白9号”、“吉粳88”、“吉粳511”、“吉粳515”为代表的一大批优良水稻品种，并陆续开展了一系列配套栽培技术的研究和推广工作，使吉林省水稻品质和产量得到了进一步提升。但由于吉林省各地区自然条件差异较大，致使各区域雨水分布不均，气温变化剧烈，极易频发低温、干旱、洪涝等气象灾害，如东部地区，由于降雨量较多，昼夜温差小，极易频发低温冷害和稻瘟病病害；而西部地区，由于降雨量较少，昼夜温差大，土壤多以苏打盐碱土为主，盐碱胁迫造成水稻产量不高。因此，各区域的农业指导部门和稻农应根据本地区常年气候特点，结合我国传统农历二十四节气科学安排水稻生产活动，通过水稻品种的合理选择、配套栽培技术的优化、主动采取防灾减灾技术，对促进吉林省水稻高产稳产具有十分重要的作用。

为了更好地指导吉林省水稻生产，特编制了《吉林省水稻生产实用技术指导手册》，本书具有鲜明的地区特点，以一年12个月36个旬为主线，结合我国传统农历二十四节气，本着理论和实际相结合的原则，将吉林省水稻种植过程中具体的操作方法、注意事项以及常见病虫害的识别与防治措施按照时间顺序进行系统性整合，力求做到深入浅出、图文并茂、简明实用，从而为广大稻农解决水稻生产实际问题。

本书承蒙河北农业大学梁虹老师审稿并修改。在编写过程中参阅了诸多水稻著作和网络资料，在此，一并表示衷心感谢。由于水平有限和时间仓促，难免出现一些错误和疏漏之处，敬请有关专家和读者批评指正。

编　者

2017年8月

1月 上旬

吉林稻作历史

据史料记载，吉林省水稻种植始于唐代初期，当时的渤海国就以著名的农产品“卢城之稻”为主要交易商品。清同治七年，农民利用不能耕作的旱田低洼地在延吉、龙井、和龙、安图、汪清和珲春等地开垦小片水田。清同治十三年，农民沿鸭绿江和东部边境图们江等地开荒种稻，从通化县的上甸子、下甸子及柳河县的三源浦和延吉县等地向省内中部陆续扩展。直到清光绪三十二年，水田才开始比较连片种植起来。

1912 年，水稻在长春满铁苗圃试种，效果较好，进而设置了水稻试验地；同年公主岭大榆树的当地农民利用河水开始种稻，随后在东辽河干流和支流两岸发展了水田；之后，朝鲜族农民陆续移往桦甸、磐石、永吉等地开发水田，吉林省水稻面积才逐步扩大。至 1929 年全省共种水稻约 4 万公顷。至 1941 年，水田面积约 12.8 万公顷。1941 年以后，由于日本帝国主义的侵略，水稻种植面积逐步下降，至 1949 年降到 8 万多公顷。

新中国成立后，人民政府非常重视水稻生产的发展，1949 年颁布了每公顷只收常年产量 5%的水费政策，吉林省水稻面积恢复很快，至 1951 年水田面积达 13 万公顷；1956 年小型水库增加到 357 座，塘坝 2 455 处，机电排灌站增加到 280 处，拦河坝达 6 231 条，水田面积猛增至 16.4 万公顷；1958 年吉林省人民委员会发布了奖励开荒、发展水田生产的通知，水田面积一跃上升到 26.4 万公顷。但由于当时水利工程不配套，栽培技术落后，部分田块草荒严重，加之低温冷害影响，1962 年水田面积又降到 13.1 万公顷；20 世纪 70 年代初，在吸取总结水稻面积大起大落的经验教训后，吉林省各地抓紧农田水利的兴建、改建及配套工程，同时，不断改良水稻品种和栽培技术，使全省水稻种植面积逐步回升；至 1976 年全省水田面积又上升到 30.4 万公顷，达到新的历史高峰。从此以后，全省水稻面积发展比较平稳；进入 80 年代，吉林省委、省政府把发展水田作为调整作物结构、增加经济收入、改善人民生活的重大战略措施；至 1990 年，全省水田面积发展到 41.8 万公顷，占全省粮豆面积的 12.8%，一跃成为吉林省第二大作物。到 2015 年，吉林省水稻种植面积 76.1 万公顷，占全省粮食作物播种面积的 15%，产量也由 1949 年的每公顷 1 530 千克到 2015 年的每公顷 5 984 千克，提高了 2.9 倍。

小寒

每年公历1月5–7日，太阳达到黄经285°时为小寒。《月令七十二候集解》："十二月节，月初寒尚小，故云。月半则大矣。"

通常我国从小寒开始就进入一年中最寒冷的日子，人们常说的"冷在三九"中的"三九"正是在小寒的节气内。小寒过后，就正式进入三九寒天了。小寒节气虽然冷空气降温频繁，但很多都没有达到寒潮的标准。因此，进入小寒后建议大家多留意气象台对强冷空气的预报，做好大风降温和雨雪天气的预防工作，同时要注意防寒防冻。

旬气象资料

主要城市	长春市	吉林市	四平市	通化市	白城市	延吉市
平均最高气温（℃）	-9.8	-9.8	-7.8	-7.9	-9.5	-7.0
平均最低气温（℃）	-20.1	-23.8	-18.7	-20.3	-22.7	-19.1
平均气温（℃）	-15.0	-16.8	-13.3	-14.0	-16.1	-13.1

数据时间跨度：旬气象资料平均值为1951年1月1日至2008年12月31日。
数据来源：http://weather.news.sina.com.cn/

农事问答

冷空气、寒潮和寒流如何进行区分？

冷空气：指使所经地点气温下降的空气。冷空气根据强弱共分为五个等级，分别为弱冷空气、中等强度冷空气、较强冷空气、强冷空气和寒潮。

寒潮：寒潮是我国冬季常见的一种灾害性天气，许多群众习惯把寒潮称之为寒流，其实这种说法是错误的。实际上寒潮属于冷空气流动的一种形式，但并不是说所有的冷空气侵袭过程都叫寒潮，判断寒潮的标准是：某一地区冷空气过境后，气温24小时内下降8℃以上，且最低气温下降到4℃以下；或48小时内气温下降10℃以上，且最低气温下降到4℃以下；或72小时内气温连续下降12℃以上，并且最低气温在4℃以下。

寒流：指海洋里的海水从高纬度海区向低纬度海区的大规模流动现象，是属于洋流（海水）流动的范畴，与寒潮有本质上的区别。

1月 中旬

吉林大米

吉林省是历史上有名的贡米之乡。早在唐朝，卢城之稻就因品质优良、口感香甜而享誉华夏。到了清朝，吉林大米更作为历代皇室指定的御用贡米。

吉林大米以常规粳米为主。经过长期的稻作发展，逐步形成了圆粒、中长粒和长粒三大系列粳米产品。虽然三大系列产品品种不同，但都具有“好吃、营养、安全”的品质特点。这不仅是由于吉林省地处世界“黄金水稻带”，拥有种植优质粳稻的得天独厚“山好、土好、水好、气候好”的四好优势，而且还有不断推陈出新的水稻优质品种。

近年来，吉林大米已一跃成为吉林省农业的第一品牌，深受全国各地消费者的喜爱。并获得了一系列重量级殊荣。如中国粮食行业协会授予长春市“中国优质粳米之都”称号、授予吉林市“中国粳稻贡米之乡”称号、授予德惠市“中国优质小町米之乡”称号。由吉林省农业科学院水稻研究所选育的“吉粳511”在2015年获全国优良食味粳稻特等奖，在2016年日本举办的“中日优良食味粳稻品种选育及食味品鉴学术研讨会”上获食味“最优秀”奖等。

惠农政策

农民直接补贴政策的具体内容

1. 耕地地力保护补贴。补贴对象原则上为拥有耕地承包权的种地农民。补贴资金通过“一卡（折）通”方式直接兑现到户。鼓励各地创新方式方法，以绿色生态为导向，提供农作物秸秆综合利用水平，引导农民综合采取秸秆还田、深松整地、减少化肥农药用量、使用有机肥等措施，切实加强农业生态资源保护，自觉提升耕地地力。

2. 农机购置补贴。补贴对象为按规定程序购买农业机械、直接从事农业生产的个人和农业生产经营组织。实行自主购机、定额补贴、县级结算、直补到卡（户）的补贴方式。各省对粮食烘干仓储、深松整地、免耕播种、高效植保、节水灌溉、高效施肥机具和秸秆还田离田、残膜回收、畜禽粪污资源化处理与病死畜禽无害化处理等支持绿色发展的机具要实行敞开补贴。

3. 玉米生产者补贴。在辽宁、吉林、黑龙江省和内蒙古自治区实施。补贴资金采取“一折（卡）通”等形式兑付给玉米生产者。具体补贴范围、补贴依据、补贴标准由各省（自治区）人民政府按照中央要求、结合本地实际具体确定。鼓励各省（自治区）将补贴资金向优势产区集中。（资料来源：农业部财务司）

每月农谚歌

初一东风六畜灾，倘逢大雪旱年来。若然次日天晴好，下岁农夫大发财。

农谚

“大寒小寒，冰冻成团”“天寒人不寒，改变冬闲旧习惯”“小寒三九天，把好防冻关”“寒冬不寒，人马不安”“大寒见三白，农人衣食足”“一月小寒接大寒，农人无事拾粪团”“大寒寒，惊蛰冻死秧”“人靠自修，树靠人修”。

旬气象资料

主要城市	长春市	吉林市	四平市	通化市	白城市	延吉市
平均最高气温（℃）	-10.6	-11.0	-8.3	-8.0	-9.8	-7.4
平均最低气温（℃）	-20.9	-25.2	-19.7	-21.5	-23.1	-20.2
平均气温（℃）	-15.8	-18.1	-14.0	-14.8	-16.5	-13.8

农事问答

何为水稻优良品种？

水稻优良品种，是指人类在生产实践中采用一定的育种手段，经过选择、培育和繁殖而成的栽培水稻群体，同一群体内个体的生物学特征和性状整齐一致。

水稻优良品种应具有产量高（高产是水稻优良品种的最基本条件）、适应性广（在大面积生产上，在不同的土壤类型、气候和栽培条件下，都能正常生长并获得高产）、品质好（要求加工、外观和食味品质要符合国家行业标准）、抗逆性强（生物抗性和非生物抗性要强）的四大特点，其判断要点如下：

1. 品种特性必须是经过科学规范的检验检测程序测定出来的。

2. 各种农艺性状必须具有时空稳定性，充分体现出一致性和整齐性。

3. 优良性状必须符合生产者的特定要求。

4. 品种绝不能在产量、品质和抗性上存在致命缺点。即使存在不足，也能够通过优化栽培措施得到明显改善。

1月 下旬

吉林省自然条件

土地资源条件：吉林省位于我国东北地区中部，土地总面积1874万公顷。根据2008年土地利用现状变更调查，全省耕地面积553.46万公顷，占全省土地面积的29.5%，人均耕地面积0.2公顷，是全国平均水平的两倍多，与世界水平相当。截至2011年，吉林省水田面积有760 259公顷，占总耕地面积的13.37%，分布在全省40个市、县。其中东、南部山区和半山区水田面积294 798公顷，中部平原地区水田面积231 553公顷，西部盐碱地区水田面积233 908公顷。土壤多以肥力较高的黑土、黑钙土、草甸土、草炭土等为主，适宜种植水稻。

气候资源条件：吉林省气候特点是春季干燥多风沙，夏季温热多雨，秋季降温快霜期早，冬季漫长严寒少雪。全省年平均气温在2~6℃，一般平均气温稳定通过10℃的初日出现在4月末或5月初，终日出现在9月下旬或10月上旬。全省无霜期120~160天，年日照时数为2 200~3 000小时，特别是在水稻生长的6-8月，平均每日可照时数为15小时。气候资源条件完全可以满足水稻正常生长的需要。

水资源条件：吉林省是一个水资源严重缺乏的省份，根据吉林省统计局2011年统计结果，吉林省水资源总量315.89亿立方米（不包括过境水量），地表水资源量262.88亿立方米，地下水资源量112.91亿立方米。但吉林省境内河流众多，河水在30千米以上的有221条，在10千米以上的有100条，分属于松花江、辽河、鸭绿江、图们江四个流域及绥芬河水系。其中松花江流域面积最大，达12万多平方千米。全省水资源分布，大体可以从舒兰、榆树交界处起，连接亮甲山水库、石头口门水库划成一线，以东是多水区，以西是贫水区，东部雨量充沛，多年平均降水750毫米以上，西部干旱少雨，多年平均年降水量390毫米左右。全年约60%的雨量集中在夏季，20%在秋季，15%在春节，仅不到5%在冬季，降雨特点对水稻生长有利。

农业政策

小麦、稻谷最低收购价政策：为保护农民利益，防止“谷贱伤农”，2016年国家继续在粮食主产区实行小麦、稻谷最低收购价政策。2016年生产的小麦（三等）最低收购价格每50千克118元，保持2015年水平不变。2016年生产的早籼稻（三等，下同）、中晚籼稻和粳稻最低收购价格分别为每50千克133元、138元和155元，早籼稻比2015年下调2元，中晚籼稻和粳稻保持2015年水平不变。

大寒

每年公历1月20—21日，太阳达到黄经300°时为大寒。《授时通考·天时》引《三礼义宗》："大寒为中者，上形于小寒，故谓之大，寒气之逆极，故谓大寒"，大寒是一年中的寒冷时期，特点是风大、低温、地面积雪不化，呈现出冰天雪地、天寒地冻的严寒景象。

大寒是全年二十四节气中的最后一个节气。俗话说"大寒小寒，冻成一团。"此时期像小寒一样，也是我国一年中最冷的时期，地面积雪不融，风大，一派冰天雪地的严寒景色。

旬气象资料

主要城市	长春市	吉林市	四平市	通化市	白城市	延吉市
平均最高气温（℃）	-9.6	-9.5	-7.5	-6.8	-8.3	-6.5
平均最低气温（℃）	-20.3	-24.4	-19.1	-20.9	-22.2	-19.2
平均气温（℃）	-15.0	-17.0	-13.3	-13.9	-15.2	-12.8

小贴士

腊月及腊八粥的制作方法

"腊"这个字，古时候也称之为"蜡"，意为祭名，因为这种祭礼是在岁终的那一个月举行，所以后人沿袭也就把我国农历的十二月称之为"腊月"。

每年腊月初八的凌晨，家家户户都要吃上一顿香喷喷的腊八粥。俗话说"腊八粥，吃不穷，吃了腊八便丰收"。因此，制作腊八粥已经成为我国的一种传统，一般制作腊八粥首先要准备原材料（糯米50克，粳米50克，黑米50克，米仁50克，桂圆50克，红豆100克，莲子100克，桂圆100克，花生米100克，栗子100克，红枣100克，白糖适量）。

原材料准备好后，先将莲子去衣去心放入碗中加水浸没，再放入蒸笼，用旺火蒸约1小时，蒸熟取出备用；将桂圆去掉皮和核，栗子剥掉壳及衣；同时锅内放入适量的水，然后把黑米、红豆、花生米、红枣洗干净倒入锅内煮，待煮成半熟时，再将米仁、粳米、糯米洗干净倒入锅内一起煮，等待锅开后，再用微火煮；将粥煮熬到七八成熟时，把蒸熟的莲子、处理好的桂圆和栗子倒入粥内搅拌均匀，开锅后再煮一会移下火来，盛入清洁的锅内，撒上适量白糖，一锅美味的腊八粥就这样做好了。

2月 上旬

重要农事

根据当地自然条件、土壤肥力以及栽培水平，制订详细物资购买计划，包括水稻种子的选择与购买，化肥、农药、农膜、秧盘、壮秧剂、除草剂和防风绳等农用物资的采购。提前做好腐熟农家肥运送准备工作，备好育苗床土。

品种选择

水稻种植品种的选择应遵循以下五个原则。

一是选择适合当地种植的品种。注意选用品种的积温指标是否与当地的有效积温相符合，品种生长所需条件是否与当地资源、气候一致。

二是选择能安全成熟的品种。水稻安全出穗期温度为25~30℃，为保证水稻出穗时有适宜的有效积温，保证安全成熟，选择的水稻品种应以8月10日前出穗为宜。

三是选择增产潜力大的品种。在确保水稻安全出穗和成熟的基础上，尽可能不浪费有效积温。如中晚或晚熟品种比中熟品种和中早熟品种一般增产5.8%~9.0%。

四是选择抗逆性强的品种。选择品种时应根据当地主要病害、灌溉水温度与地温等，有针对性的选择抗逆性相对较强的品种，以减少由此造成的水稻减产。

五是合理搭配品种。防止单一品种大面积连片种植，降低风险，确保水稻稳产。

小贴士

春播备种选购良种要坚持以下“四看”原则。

一看品种说明书。应通过品种审定并在许可的适宜区域内种植。

二看种子纯度。取200粒种子与纯种的主要性状进行比较，纯度一般应不低于98%。

三看种子净度。取一定重量的种子挑拣出杂质，再称其重量，计算种子净度的百分数，一般应在98%以上。

四看种子发芽率。取200粒种子分成两份，在适宜温度中做发芽试验，采用普通发芽法，约7天后计发芽数，算出发芽率，应在85%以上。

立春

每年公历2月3–5日，太阳达到黄经315°时为立春。立春是二十四节气之首。在《月令七十二候集解》的注解是："正月节，立，建始也……立夏秋冬同。"

自古以来，我国就一直以立春作为春节的开始。立春以后，人们可以明显地感觉到白天变长了，天气逐渐开始暖和了。立春是一年中的转折点，气温、日照等均处于上升或增多阶段。此时，虽然立了春，但大部分地区仍然较冷，具有"白雪缺嫌春色晚，故穿庭树作飞花"的气候特点。

旬气象资料

主要城市	长春市	吉林市	四平市	通化市	白城市	延吉市
平均最高气温（℃）	-7.3	-7.5	-5.6	-5.0	-6.0	-4.1
平均最低气温（℃）	-18.3	-22.8	-17.5	-19.2	-20.9	-17.8
平均气温（℃）	-12.8	-15.2	-11.6	-12.1	-13.5	-11.0

农事问答

稻农在购买稻种时应注意哪些问题？

稻农如到育种单位购种时要看是否具有"审定证书"或"品种保护公告"；如到基层代销点购买种子要看种子经销者是否持有三证（种子生产经营许可证、种子质量合格证、种子检疫合格证），是否具有税检章的种子正式发票和种子公司颁发的正式委托代理手续，种子经销商是否经营执照齐全，是否具有合法资格。在满足以上条件下，还应该注意以下几个问题。

1. 购种时一定要求种子经销商开具有效发票，并妥善保管购种发票和种子包装袋，以备种子质量出问题时有据可查。

2. 查看稻种说明书或品种简介。其内容应包含适宜种植地域、特征特性、栽培措施等。无说明书及品种简介的最好不要购买，防止上当受骗。

3. 查看包装是否规范。正规种子公司所经销的种子外包装都比较规范讲究，所装数量、质量指标、生产商、经营许可证号码、产地及联系电话号码等都应有明确标示。

4. 查看包装袋上标注的种子生产日期。隔年生产的陈种不要购买；没有注明生产日期的种子也不要购买。

2月 中旬

重要农事

根据制定好的物资采购计划对农用物资进行统一采购，采购应以“先近后远、先难后易”为原则，对已采购的农用物资运送到家中或仓库内，妥善保管，科学存放，特别要注重化肥和农药堆放。如果本年度需要施用农家肥的稻农可根据实际情况提前将农家肥运送到生产田中，以减轻农忙时的工作量。

吉林省主要优质水稻品种

1. 吉粳 515：吉审稻 2016006。吉林省农业科学院选育。生育期 142 天，需≥ 10℃活动积温 2 850℃左右，常规中晚熟品种，株高 111.0 厘米，弯曲穗型，谷粒椭圆形，千粒重 25.0 克。依据农业部 NY/T593-2002《食用稻品种品质》标准，米质符合三等食用粳稻品种品质规定要求。2017 年获吉林省第八届优质食味水稻品种一等奖。

2. 通禾 66：吉审稻 2015002。通化市农业科学研究选育。生育期 141 天，需≥ 10℃活动积温 2 850℃左右，常规中晚熟品种，株高 107.1 厘米，半弯曲穗型，谷粒椭圆形，千粒重 26.7 克。依据农业部 NY/T593-2002《食用稻品种品质》标准，米质符合三等食用粳稻品种品质规定要求。2017 年获吉林省第八届优质食味水稻品种二等奖。

3. 吉粳 113：吉审稻 2014002。吉林省农业科学院选育。生育期 132 天，需≥ 10℃活动积温 2 650℃左右，常规中早熟品种，株高 108.2 厘米，半弯曲穗型，谷粒椭圆形，千粒重 22.7 克。依据农业部 NY/T593-2002《食用稻品种品质》标准，米质符合一等食用粳稻品种品质规定要求。2014 年被评为吉林省第七届优质水稻品种。

4. 吉农大 809：吉审稻 2013017。吉林农业大学选育。生育期 146 天，需≥ 10℃活动积温 2 950℃左右，常规晚熟品种，株高 108.0 厘米，半直立穗型，谷粒椭圆形，千粒重 25.3 克。依据农业部 NY/T593-2002《食用稻品种品质》标准，米质符合二等食用粳稻品种品质规定要求。2014 年被评为吉林省第七届优质水稻品种。

5. 吉粳 511：吉审稻 2012011。吉林省农业科学院选育。生育期 142 天，需≥ 10℃活动积温 2 850℃左右，常规中晚熟品种，株高 105.5 厘米，弯曲穗型，谷粒椭圆形，千粒重 26.7 克。依据农业部 NY/T593-2002《食用稻品种品质》标准，米质符合二等食用粳稻品种品质规定要求。2015 年获全国优良食味粳稻特等奖；2016 年在日本被评为食味“最优秀”奖；2016 年吉粳 511 被农业部认定为“超级稻”品种。

雨水

每年公历2月18–20日，太阳达到黄经330°时为雨水。在气候学上其有两层含义，一是天气回暖，降水量逐渐增加；二是在雪逐渐减少，雨逐渐增多。在古代，人们将雨水分为三候："一候獭祭鱼，二候鸿雁来，三候草木萌动。"意为从此节气后，水獭开始捕鱼了，将鱼摆在岸边如同先祭后食的样子；五天后，大雁开始从南方陆续飞回北方；再五天后，草木开始抽出嫩芽。

雨水过后，气温回升开始逐渐增快，雪花纷飞的天气渐渐消失，而春风拂面，冰雪开始融化。人们可以明显感受到春天即将到来。此节气天气忽冷忽热，仍然要注意防寒防冻工作。

旬气象资料

主要城市	长春市	吉林市	四平市	通化市	白城市	延吉市
平均最高气温（℃）	-5.1	-5.9	-3.2	-2.9	-4.4	-2.6
平均最低气温（℃）	-16.4	-20.8	-15.0	-16.5	-18.7	-16.0
平均气温（℃）	-10.8	-13.4	-9.1	-9.7	-11.6	-9.3

农事问答

化肥和有机肥各有哪些优缺点?

化肥：指应用化学方法制造的包括植物营养要素的化工产品。除尿素以外，养分以无机盐形态存在。优点：①养分含量高，单位面积使用量少，便于运输，节约劳力；②肥效快，施入土壤后能迅速被作物吸收利用；③保存容易并可久存，与有机肥（农家肥）相比体积小，养分稳定，容易保存，保存期长，不易变质。缺点：①养分比较单一；②对土壤、作物存在局限性，使用化肥要根据土壤和作物选择适宜的品种，才能获得满意的效果；③施用化肥要讲究方法，若使用方法不当，易烧苗，若使用时间不当，可能造成贪青倒伏。

有机肥（农家肥）：指以供应有机物质为手段，借此来改善土壤理化性质，促进植物生长及土壤生态系统的循环。包括以各种动物、植物残体或代谢物组成的农家肥如人粪、腐熟的动植物残体、动物粪便、秸秆废弃物等，还包括饼肥、厩肥、堆肥、沤肥、沼肥、绿肥等。优点：①营养元素较全面；②肥效较缓和而持久；③改善土壤肥力。缺点：①成分复杂，肥效变化大，不易掌握准确的施肥量；②分解慢、肥效迟；③用量大，操作繁重，同时增加水体中有机物的含量，即使经过发酵后施用也会带入大量有面渣质，造成水体污染并易引起泛池等现象；④耗氧量大，据计算，分解1吨大粪要消耗3.4~3.8吨氧，相当于3.8吨鲤鱼在一个生长季节的耗氧量。

2月 下旬

重要农事

稻农在购买种子时，一定要到正规种子商店购买，有条件的可以到育种单位购种。同时观察包装袋印刷是否清晰，是否写明品种名、商标名、生产企业名；是否有品种审定编号和检疫编号。特别要注意妥善保管好发票和种子包装袋，以备有据可查。

常用氮肥

尿素：又称为碳酰二胺，含氮量为46%左右，是含氮量最高的固体氮肥。通常为白色或浅黄色结晶体，无味无臭，易溶于水，是水田普遍应用的氮肥品种。尿素是生理中性肥料，属于酰胺态氮肥，在土壤中不残留任何有害物质，当尿素施入土壤后，在脲酶的作用下，不断水解转化为碳酸铵或碳酸氢铵，才能被水稻吸收利用。

碳酸氢铵：含氮量17%左右，通常为白色或微灰色粒状、板状或柱状结晶体，易溶于水，易吸湿、结块和挥发，有氨臭，水溶液呈碱性。碳酸氢铵是由氨水经过碳化后直接离心干燥而成的产品，属于铵态氮肥，所含成分均为植物和土壤所需。

硫酸铵：含氮量为21%左右，通常为白色菱形结晶颗粒，略带咸味，易溶于水，吸湿性小，但结块后很难打碎。硫酸铵是生理酸性肥料，属于铵态氮肥，通常本田施用硫酸铵要结合排水晒田，改善土壤通气环境，防止根系被毒害，产生黑根。

小贴士

盘育苗：20世纪70年代末从日本引进机械化插秧时采用的育苗方式。起初引进的是规格为58厘米 ×28厘米 ×3厘米的硬塑育苗盘，后来为了节省苗盘的成本，研究出了相同规格的钙塑软盘替代硬塑育苗盘。此项育苗技术主要用于机械化插秧，具有省工、出苗率高、长势整齐、育苗面积少等优点。

抛秧盘育苗：又称简塑盘育苗或钵体育苗，是20世纪80年代中期研究推广的用于抛秧的专用育苗方式。此项育苗技术具有插秧时根系损伤少、缓苗快、低节位分蘖增加、产量稳定、节省插秧时间的优点。

塑料硬盘

塑料软盘

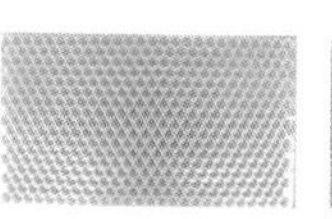

抛秧盘

钵型毯状盘

吉林省水稻生产实用指导手册

每月农谚歌

岁朝蒙黑四边天，大雪纷纷是旱年。但得立春晴一日，农夫不用力耕田。

农谚

“立春寒，多雨水”“人误地一天，地误人一年”“肥是农家宝，全靠施得巧”“雨水非降雨，还是降雪期”“立春一年端，种地早盘算”“引种不试验，空地一大片”“氮长枝叶磷长籽，不施钾肥软腿子”“立春雨淋淋，阴阴湿湿到清明”。

旬气象资料

主要城市	长春市	吉林市	四平市	通化市	白城市	延吉市
平均最高气温（℃）	-2.9	-3.7	-1.3	-1.2	-1.9	-0.0
平均最低气温（℃）	-14.2	-17.2	-13.1	-13.9	-16.4	-13.9
平均气温（℃）	-8.6	-10.4	-7.2	-7.6	-9.2	-6.9

农事问答

如何科学存放农药和化肥?

首先，要注意化肥和农药不能在一处存放。同一房间内存放农药、化肥有潜在的危险性，轻者会导致农药和化肥使用效果降低，重者可造成中毒或引发火灾，甚至发生爆炸事故。

其次，要注意由于农药和化肥种类繁多、特性不同、规格复杂，容易发生化学反应和物理变化。如易爆化肥在高温或撞击下会发热，遇到含苯、二甲苯等易燃、易挥发的农药会发生燃烧，严重的甚至发生爆炸。而过磷酸钙、硫酸铵等酸性肥料在存放中会挥发出游离酸，使环境空气呈酸性，腐蚀农药包装，不仅会给农药保管、运输和使用带来困难，而且会增加人畜中毒的危险性。

最后，还应注意多数农药、化肥都具有挥发性，如果长期存放在居室内，其挥发出的有害气体可使人患呼吸道疾病，也会造成孕妇体内胎儿畸形和智力发育障碍，存放家中的农药还可能被儿童误食。因此，应将化肥、农药存放在与居室隔离的房间里，加固门窗，以保证人身和生产资料的安全。

3月上旬

重要农事

做好春季备耕的农机检修工作。注重对水稻生产中将要使用的播种机、拖拉机、插秧机、旋耕机等农用机械进行检查。在检查过程中发现问题要及时修理，对需要更换的部件要进行更换，以确保春耕顺利进行。

春季备耕检修农机

农事小技巧

农业机械维修零件拆卸技巧： 在进行农业机械维修零件拆卸时，先要对维修的农业机械进行必要的构造了解。根据维修的部位，确定哪些部件必须拆除，哪些部件不用拆除。在拆卸时，应按照先外后内、由简到繁的原则进行操作。操作时，应准备好必要的拆装专用工具，不允许用铁锤、螺丝刀等工具直接在零件上猛敲、猛撬。拧螺丝时要注意先弄清是正扣还是反扣，避免弄错操作零件。对一些精密零件的操作要格外小心，防止对其造成变形，影响精度，如发动机上的喷油器、柱塞、出油阀等。对拆下的零件应尽量按结构顺序摆放，有些不能互换的零件要单独作出标记，如齿轮、油管接头等。对拆下的零件要进行清洗，如果长时间存放还要涂上机油，防止其生锈。

农业机械维修零件安装技巧： 安装时应本着由里到外、从上到下的顺序操作。在零件安装操作中，一定要做到认真，对所需要安装的零件进行必要的检查，避免错装、漏装。螺丝的紧固不能一次性拧紧，要交叉分次拧紧，并达到规定扭矩。在安装过程中，必须保持零件清洁，要严格按技术要求进行检查，防止达不到技术要求的零件重新装配到机械上，导致故障和事故隐患。另外，不能盲目相信新更换的零件，也要对其进行必要的检查。这里需要注意的是农业机械经过大修后，还应进行必要的调整和试运转。

惊蛰

每年公历3月5–7日，太阳达到黄经345°时为惊蛰。《月令七十二候集解》中描述："二月节，万物出乎震，震为雷，故曰惊蛰。是蛰虫惊而出走矣。"可以看出，惊蛰的意思就是天气回暖，春雷始鸣，惊醒蛰伏于地下冬眠的昆虫。

惊蛰时节，万象复苏，既是春暖花开的季节，又是各种病毒和细菌活跃的季节。俗话说"春雷惊百虫"，不断变暖的气候条件非常有利于病虫害的发生。惊蛰过后，我国大部分地区气温开始转暖，雨水增多，预示着即将进入春耕农忙的季节了，稻农应做好春耕的前期准备工作。

旬气象资料

主要城市	长春市	吉林市	四平市	通化市	白城市	延吉市
平均最高气温（℃）	-0.0	-0.5	1.2	0.9	0.7	2.2
平均最低气温（℃）	-11.7	-13.8	-10.5	-11.0	-14.2	-11.7
平均气温（℃）	-5.9	-7.2	-4.7	-5.1	-6.8	-4.8

农事问答

农业机械维修时应注意哪些问题?

1. 在拧紧缸盖、连杆螺丝时一定要使用扭力扳手。如果不使用扭力扳手，容易导致所拧部位过紧或过松。例如，零件拧得过紧会导致金属疲劳损坏零件，虽然当时未必发现损伤，但在使用过程中会导致零件变形或折断，造成更大的故障和农机事故。如果零件拧的过松会导致连接部位松动，不仅加剧相关部位的磨损，严重的更会导致故障和农机事故的发生。

2. 在安装活塞销时，不要用明火加温活塞销孔。很多维修人员为了方便省事，直接将活塞放在明火上加热，这种做法害处极大。因为明火的温度过高，导致活塞加热时急剧升温膨胀，致使活塞变形较大，使其内部金属结构组织受到破坏，导致活塞的耐磨性大大降低，缩短了其使用寿命，也容易使发动机过早出现故障。

3. 在更换润滑油时要清洗油道。很多维修人员未对发动机油底壳及油路进行必要的清洗，就直接将润滑油注入，导致留存在油底壳及油路中的杂质仍然会参与润滑系统的工作，加剧机械零件的磨损。

4. 安装气缸垫时不要涂抹黄油。很多维修人员喜欢在气缸垫上涂抹一层黄油。这种做法是不可取的，因为发动机工作时温度很高，黄油在遭受高温时必然会溶化而流失，从而导致气缸垫与缸盖、缸体间的结合而出现间隙，造成漏气。另外，黄油长时间遇到高温会变质并产生积炭，在修理时造成拆装困难。

3月 中旬

重要农事

做好农用物资的集中采购工作。认真核实物资采购计划，检查是否有遗漏或急需且还未进行采购的物资，以便后续进行购买。还未进行农机检修的稻农应抓紧调整和检修农机，发现问题要及时解决。

集中采购农用物资

水稻的养分吸收规律

水稻正常生长发育所必需的营养元素有碳、氢、氧、氮、磷、钾、钙、镁、硫、铁、锰、锌、铜、钼、硼和氯，还有特种元素硅。其中水稻对氮、磷、钾三元素的需求量大，单靠土壤供给，不能满足水稻的生长需要，需要额外施用。其他元素虽然需要量不多，但都不可缺少，如果不能满足水稻正常生长的需要，也需要适当添加。

水稻一生对氮、磷、钾营养元素吸收量大致范围是每生产 100 千克稻谷吸收的 N 为 1.8~2.5 千克、P_2O_5 为 0.9~1.3 千克、K_2O 为 2.1~3.3 千克。其中 N ： P_2O_5 ： K_2O 大约为 2 ： 1 ： 2.5。而水稻不同生育期对氮、磷、钾的吸收有所差异。在对氮的吸收方面，水稻的氮素营养临界期（即需肥关键时期）是分蘖期，营养最大效率期（即最大吸收期）在拔节以前的分蘖末期到幼穗分化期；在对磷的吸收方面，自分蘖开始直至成熟水稻对磷素的吸收量差异不大，吸收量最多的时期为分蘖期至穗分化期；在对钾的吸收方面，水稻主要的吸收阶段是穗分化期至抽穗开花期，其次是分蘖期至穗分化期。

每月农谚歌

惊蛰闻雷米似泥，春分有雨病人稀，月中但得逢三卯，到处棉花豆麦佳。

农谚 “过了惊蛰节，耕田不停歇”“雷打惊蛰前，农民好种田”“惊蛰犁头地，春分地通气”“春分有雨家家忙，春天不忙，秋后无粮”“冬耕要深，春耕要浅”“春争日，夏争时，一年农活不宜迟”“三年不选种，增产要落空”。

旬气象资料

主要城市	长春市	吉林市	四平市	通化市	白城市	延吉市
平均最高气温（℃）	3.5	3.1	5.1	4.3	4.4	5.2
平均最低气温（℃）	-7.8	-8.7	-6.4	-6.6	-10.3	-8.2
平均气温（℃）	-2.2	-2.8	-0.7	-1.2	-3.0	-1.5

农事问答

水稻高产对稻田土壤有哪些要求？

1. 田面平整，排灌良好。水稻生产要求土地平整，这是因为平整的稻田，灌水均匀，控水容易，在进行晒田时可及时排水，使田中无渍水，晒田程度一致，利于水稻生长整齐。同时，排灌通畅有利于旱涝保收。一般要求田面高低差不超过3厘米，这样可使水肥分布较为均匀，利于水稻高产。

2. 土壤渗透性、保肥以及供肥能力良好。适宜的稻田渗漏性，可以增加土壤中的氧气，降低土壤中有毒物质的含量，改善土壤环境。但土壤渗漏性也不宜过大，过大会造成水、肥的大量流失，增加生产成本。例如，质地粘重的稻田，土质细微，结构紧密，土壤渗透性一般不好。这种稻田早春土温、水温回升慢，肥料分解慢，前期供肥不足，对水稻早发不利。相反土壤砂性太重，结构松散，这种稻田虽通气性能好，土温回升快，肥料分解也快，但保水、保肥性差，肥料易流失，肥效不长久，对水稻后期生长不利。因此，水稻高产的稻田要求土壤耕性良好，干耕不成块，阻力小；水耕软而不烂，深而不陷，土水融和。即有较坚实的犁底层，可以保水保肥，又有适当的渗漏性。

3. 耕层深厚、土壤肥沃。耕作层是水稻根系的主要活动层，厚度在12~20厘米。深厚的耕作层可保蓄较多的肥水，扩大供给范围，加速土壤的熟化程度。通过合理的耕作方法加深土壤耕层深度，有利于水稻根系深扎，扩大水稻根系吸收水分和养分的范围。

3月 下旬

重要农事

做好育苗棚扣膜及苗床地的整地做床工作。在育苗大棚的选择上，尽可能选用标准大棚（高 2.5 米，宽 6 米的钢骨架大棚）；在大棚膜覆盖方式上，应因地制宜灵活掌握，原则上尽量采用三膜覆盖；在扣棚时间上，以播种前 15 天进行为宜，吉林省一般在 3 月中下旬进行扣棚。做床应根据棚的规格和棚向，确定苗床的长度、宽度和数量，一般做两个大的苗床，中间步道 30~40 厘米，四周挖排水沟，混匀苗床肥后要搂平、压实、浇透底水，压实的程度以人踩后无明显脚印为宜，盐碱地区育苗需再铺上带孔地膜或透气无纺布等隔离物后，即可等待播种。

大棚扣棚膜

棚膜四周压土

整地做床

育苗土的制备

育苗土最好提前几年有目标的准备与培制，培制可以采用上年脱粒时脱出的稻毛、粉碎的秸秆、猪粪和有机质含量较高的旱田土（旱田土要求前两季未使用过除草剂），四合一混合后堆制，隔年或隔两年充分腐熟后使用。育苗土也可以现用现配，一般用 60% 的土加上 40% 完全腐熟的农家肥，经过粉碎过筛后混合而成，也可以用 40% 的土加上 30% 的草炭土、30% 的完全腐熟的农家肥配制。

怎样进行早整地、早做床?

整地是育秧工作中至关重要的一环，能为秧田生长创造良好的土壤条件和生态条件。春、秋皆可进行整地，最好进行旋耕松土。坚持早整地，早找平。整地后，通常每平方米可施优质腐熟有机农肥 10~15 千克，使之与土壤混合均匀。此外还要施速效化肥，每平方米施硫酸铵 50 克，硫酸钾 25 克，过磷酸钙 80 克或磷酸二铵 15~20 克。施肥后一般要进行“三刨二挠”，即刨均、挠细、搂平。保持床高一致，挖好排水沟，防止内涝积水。播种前做好床土酸化处理，一般采用硫酸或硫酸制成的调酸剂将床土 pH 值调节到 4.5~5.5。

春分

每年公历3月20-21日，太阳达到黄经0°时为春分。据《月令七十二候集解》中记载："二月中，分者半也，此当九十日之半，故谓之分。"有《明史历一》说："分者，黄赤相交之点，太阳行至此，乃昼夜平分。"春分过后，春暖花开，莺飞草长，一派融融暖意春光。

春分是反映四季变化的节气之一。在我国古代以立春、立夏、立秋、立冬代表四季的开始。春分、夏至、秋分、冬至则处于各季之间。春分在我国古历中记载："春分前三日，太阳入赤道内。"春分节气，除全年皆冬的高寒山区和北纬45°以内的地区外，全国各地日平均气温均稳定升达0℃以上。

旬气象资料

主要城市	长春市	吉林市	四平市	通化市	白城市	延吉市
平均最高气温（℃）	6.5	6.3	7.7	6.9	7.4	8.1
平均最低气温（℃）	-4.5	-5.1	-3.6	-3.6	-7.1	-5.2
平均气温（℃）	1.0	0.6	2.0	1.6	0.1	1.5

新技术推介

旱育早插抢生育积温技术

近年来，吉林省大中棚育苗得到了快速的推广，尤其是吉林省西部地区。由于大中棚具有面积大、温度缓冲性好的特点，以及水稻旱育苗对低温有较强的耐性，出苗后可短时忍耐-3~5℃低温的表现，因此，即使是热量资源较差的白城地区，以4月15日为安全播种期仍然存在热量资源的浪费。针对以上情况，吉林省农业科学院水稻研究所提出利用大棚育苗增温、保温效果，通过提早扣棚（播种前15~20天扣好大棚）、提早播种（4月5-10日播种），提早插秧（5月5-10日插秧），可平均提高有效积温92.5℃，进一步抢水稻生育积温近100℃，为更长生育期品种的推广奠定了基础。

4月 上旬

水稻生育动态

水稻播种期。稻农应根据实际情况选择播种时间，播种时间要根据种植的品种熟期、当地气温、插秧时间以及秧苗插秧时的叶龄等情况进行确定。

重要农事

做好水稻播种工作。具体操作流程如下：①晒种（浸种前选择晴暖天气，在干燥场地摊开翻晒 2~3 天）→②选种（稻种倒入比重为 1∶1.13 的盐水中进行清选，50 千克水加 10~12 千克食盐，清除草籽和杂质，选好的种子要用清水洗净稻种上的盐分）→③浸种消毒（用 2 000~4 000 倍液的咪鲜胺浸种，可保持浸种液温 15~20℃，浸种 5~7 天，每天要上下搅拌 1~2 次）→④催芽（将浸泡好的稻种放入催芽器内，保持恒温 30℃，大约 24 小时后当种子破胸露白达 80% 以上、芽长 0.15 厘米左右时，把种子取出放在阴凉通风处，摊晾 12 小时左右即可待播）→⑤播种（一般以当地连续 5 天平均气温达到 5℃即可播种）→⑥苗前封闭（一般覆土后用 40% 丁 · 扑乳油进行封闭除草，100 平方米用药约 40 毫升）→⑦防蝼蛄（可用敌百虫或杀虫单拌稻糠制成毒饵撒在苗床上）。

水稻机械化播种

浸种催芽车间

农事问答

为何提倡水稻种子催芽后进行播种?

经过催芽的种子，在吉林省早春低温的条件下，播种后扎根快，出苗早，出苗整齐，能提高成苗率，缩短秧田期。因此，提倡催芽播种。催芽的大小一般以种子破胸露白为度。播种时温度高，芽可稍长，以 0.15 厘米为宜，不可超过 0.5 厘米。

无论用什么方法催芽，其原理都是一样的。即“高温破胸，适温催芽，低温凉芽”。所谓高温破胸，就是在 30~32℃高温下，经 1~2 天内破胸露白。破胸露白后，即将温度降至 25~28℃，即所谓适温催芽。12~15 小时后，芽长可达 0.15 厘米左右，就可以把种芽薄薄地摊开，放置于自然温度下，散热降温。待种芽温度降至与自然温度相同时即可播种。

清明

每年公历4月6–7日，太阳达到黄经15°时为清明。《历书》中记载：“春分后十五日，斗指丁，为清明，时万物皆洁齐而清明，盖时当，因此得名。”在二十四各节气中，唯有清明即是节气又是节日。清明节，又称鬼节，扫墓活动一般是在清明节的前10天或后10天进行。

我国古代将清明分为三候：“一候桐始华，二候田鼠化为鹌，三候虹始见。”意为清明时节首先是白桐花开放，接着喜阴的田鼠不见了，全回到了地下洞中，然后就是雨后的天空可以见到彩虹了。此时节，桃花初绽，暖风拂面，一派明朗清秀景致。

旬气象资料

主要城市	长春市	吉林市	四平市	通化市	白城市	延吉市
平均最高气温（℃）	10.9	10.9	12.0	10.9	12.1	12.3
平均最低气温（℃）	-1.1	-1.7	-0.1	-0.9	-3.3	-2.3
平均气温（℃）	4.9	4.6	0.7	5.0	4.4	5.0

农事问答

催芽过程中容易遇到哪些问题?

在催芽过程中由于湿度、水分、氧气调节不当，不能满足种子发芽的需要，时常会出现以下异常现象。

1. 有“酒糟”味。一般催芽出现酒糟气味多半发生在种芽破胸高峰期。

防止措施：为防止生产酒糟气味，在催芽过程中必须经常检查。破胸后发现温度超过30℃，应及时翻堆降温。如有轻微酒糟气味时，应立即散堆摊凉，降低种温，并用清水洗净，待多余水分控净后再重新上堆升温催芽，这样可以挽救大部分种子。

2. 发生高温烧芽。稻种破胸后高温烧芽是催芽阶段易发生的现象。

防止措施：要密切注意破胸前后温度的变化，所谓的“高温破胸，适温催芽”即是这个道理。若温度过高，要及时进行翻堆降温。

3. 哑种多。哑种指催芽后还没有破胸的稻种。

防止措施：浸种时间要充足，使稻种吸收充足水分，同时要严格控制温度、水分条件。若哑种比例大，可用筛子等将哑稻筛出来，以免播种后烂种。

4. 根、芽不齐。

防止措施：通过协调温度、水分、氧气之间的矛盾，解决根、芽不齐的问题。

4月 中旬

水稻生育动态

水稻播种期 / 秧苗期。吉林省大部分稻区进入了集中播种期，待播种完成后，稻农应根据水稻育苗前期的水分、温度等要求科学管理。

重要农事

做好水稻育苗前期管理工作。尽量采用双膜覆盖防寒保暖，夜盖昼揭，白天外界高温时通风降温防哑种。注意控制棚内温度，播种至出苗控制棚内温度在25~28℃，不能超过35℃，此阶段主要采取密闭保温，棚内温度不超过30℃，可以不通风，期间一般不浇水，如局部温度过高应该及时撤出地膜，晚上再覆上。出苗后要及时撤去地膜，以免烧苗。从出苗到1.5叶期，棚温控制在22~25℃，超过28℃要及时进行通风炼苗，苗床过干要及时进行补水，一般保持在旱田状态。在日常通风时应采取循序渐进、从小至大的方式进行。

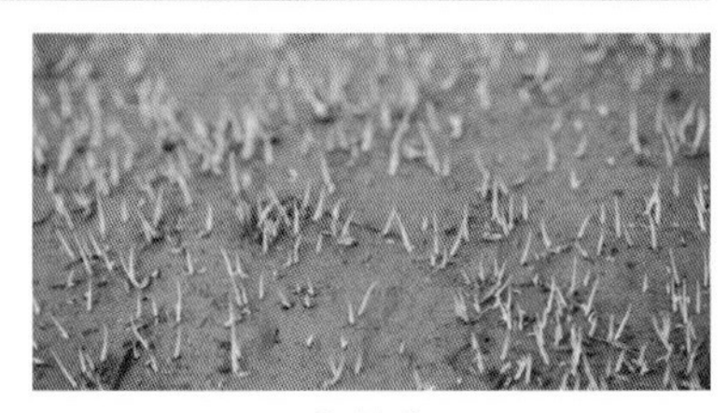

立针期

1.5叶期

新技术推介

水稻育苗板式床土：该产品由吉林省农业科学院水稻所研制，2013年获得国家发明专利。本发明可达到节省土地资源、资源高效利用、维护和修缮脆弱的生态环境的目的，促进寒冷、盐碱等稻区水稻高产、稳产和可持续发展，提高社会效益、经济效益和生态效益。2014年获国际发明展览会银奖。

1. 药、肥、酸齐全不必加营养剂

2. 平铺在苗床上或装入盘中

3. 浇水、播种

4. 盖土（如覆土中有草籽应撒除草剂）

5. 秧苗2叶期追施水稻壮秧剂

谷雨

每年公历4月19–21日，太阳达到黄经30°时为谷雨。《通维·孝经援神契》中这样记载："清明后十五日，斗指辰，为谷雨，三月中，言雨生百谷清净明洁也。"《群芳谱》中对谷雨的解释为："谷雨，谷得雨而生也。"谷雨的到来意味着寒潮天气基本结束，气温回升开始加快。

我国古代将谷雨分为三候："一候萍始生，二候鸣鸠拂其羽，三候为戴胜降于桑。"这句的意思就是说谷雨后降雨量开始增多，浮萍开始生长了，接着布谷鸟便开始提醒人们要进行播种了，然后桑树上可以见到戴胜鸟了。此时节，气温上升开始增快，稻农要开始进行播种育苗了。

旬气象资料

主要城市	长春市	吉林市	四平市	通化市	白城市	延吉市
平均最高气温（℃）	14.1	14.2	15.2	14.2	14.6	15.0
平均最低气温（℃）	1.7	0.6	2.5	1.7	-0.4	-0.2
平均气温（℃）	7.9	7.4	8.9	7.8	7.1	7.4

病害防治

绵腐病：水稻水育苗常见的一种病害。主要危害幼根和幼芽，是由于地温较低、水分过大造成的。旱育苗如果地势低洼、遇冷凉天气也会有此病的发生。

症状识别：表现症状为稻粒的周围出现白绿色的菌丝，严重时菌丝会连成大块。一般水稻播种后遇10℃以下的低温，5~6天就开始发生，发病初期先在秧苗幼芽部位出现少量乳白色胶状物，然后长出白绿色棉絮状物，并向四周扩散，直至布满整个种子。

防治方法：播种前可用敌克松进行苗床消毒。一旦发现中心病株后，应及时施药防治。一叶一心以前，每天早晚换入清水或排水落干，并用硫酸铜1 000倍液均匀喷施；一叶一心以后，可用25%甲霜灵可湿性粉剂800~1 000倍液或65%敌克松可湿性粉剂700倍液均匀喷施进行防治；二叶一心前后，在采用上述措施的同时，叶面喷施磷酸二氢钾300~500倍液，施药应尽可能在阴天或晴天傍晚下进行。此外，育苗时每亩（1亩≈667平方米，1公顷=15亩，）苗床撒施草木灰15~20千克也有一定的防治效果。

发生严重绵腐病的秧田

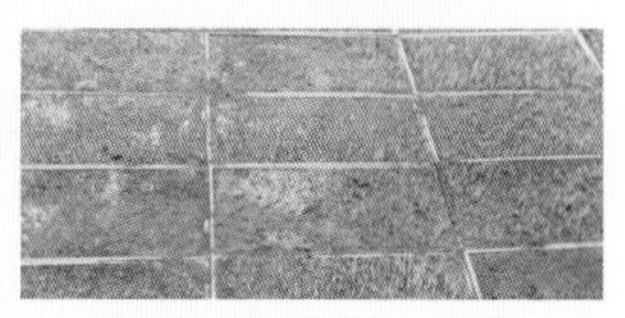
发病后秧苗生长缓慢

4月 下旬

水稻生育动态

水稻秧苗期。稻农在育苗过程中应注重水分管理以及立枯病、青枯病的预防。旱育苗苗期应尽量少浇水，如出现缺水，浇水时应一次浇足、浇透。

重要农事

做好水稻育苗中期管理工作。1.5叶期至2.5叶期，秧苗处于离乳期前后，此阶段是立枯病和青枯病的易发期，也是育苗关键期，该时期秧苗对水分需求不敏感。棚温控制在20~22℃，最高不超过25℃，特别是2.5叶期棚温不超过25℃，及时检查秧苗生育状况，如发现叶色淡黄、生长缓慢等缺肥症状，每平方米施硫酸铵30克，施后清水洗苗。

1.5~2.5叶期大棚秧苗生长情况

小贴士

浇水的标准：①清晨日出前，稻苗的叶尖上无吐水现象。②日出后出现局部萎蔫、打绺现象。

浇水的时间：尽可能在上午的8:00−9:00期间开始浇水，浇水后要正常进行通风。

新技术推介

水稻钵形毯状育苗机插技术：该技术是由中国水稻研究所首创、适于我国水稻品种和季节特点的新型水稻机插技术。针对传统盘育苗机插存在的问题，该技术采用钵形毯状秧盘，培育具有上毯下钵形状的秧苗，按块定量取秧机插，可提高插秧机取秧的精确度，实现钵苗机插。该技术结合了钵形秧苗和盘育苗机插的特点和优点，具有成苗高、秧苗素质好、机插质量好、伤秧伤根少、秧苗返青快、增产效果好等优点。近年来，在全国10多个省区示范推广，一般增产5%~10%。

钵形毯状秧盘育苗

每月农谚歌

风雨相逢初一头，沿村瘟疫万民忧。清明风若从南起，预报丰年大有收。

农谚

“清明难得晴，谷雨难得雨，春雨贵如油”“秧好半年粮”“谷雨前后，种瓜点豆”“清明断雪，谷雨断霜”“清明浸种育秧，不要去问爹娘”“庄稼不让时，节气不让人”“清明高粱，谷雨谷，立夏芝麻，小满黍”“谷雨有雨多鱼虾”。

旬气象资料

主要城市	长春市	吉林市	四平市	通化市	白城市	延吉市
平均最高气温（℃）	17.1	17.1	18.1	17.1	17.8	17.9
平均最低气温（℃）	4.3	2.8	5.2	3.8	2.6	2.1
平均气温（℃）	10.7	10.0	11.7	10.5	10.2	10.0

病害防治

立枯病：由真菌引起的一种土传病害，是水稻旱育苗常见且发生最严重的病害。如防治不及时，常使秧苗成簇成片死亡，严重的甚至全床死亡，使育苗全部失败。立枯病的发生与秧苗素质和环境条件关系密切。如土壤酸碱度高、土壤消毒不彻底、播种量过大、土壤水分含量过高、苗期管理不当、持续低温或气温忽高忽低等条件，均易引起立枯病的发生。

症状识别：立枯病可分为芽腐、针腐、黄枯。①芽腐：幼芽出土前后，芽变褐、扭曲，根变褐，腐烂而死，在芽基部生有白色或粉红色霉层。②针腐：秧苗立针至2叶期发生。病苗心叶枯黄，茎基部变褐，根渐变黄褐色。潮湿时，茎基有霉层，并软腐易拔断，成簇成片发生。③黄枯：秧苗3叶期前后发生，初期病株叶尖不吐水，心叶卷曲逐渐萎蔫枯黄，根和茎基部变褐，拔苗时易连根拔起，在苗床中间部分成簇成片发生。

防治方法：苗前期采取床土调酸、土壤消毒；苗后在秧苗1叶1心期和发病初期，用药剂预防，可使用70%敌克松可湿性粉剂每平方米3克；或15%恶霉灵水剂每平方米6~8毫升或甲霜·恶霉灵每平方米15~20毫升；或67%枯必清可湿性粉剂每平方米1.5~2克对水稀释喷雾。

发生立枯病的秧田

5月上旬

水稻生育动态

水稻秧苗期。由于气温逐渐升高，稻农在育苗过程中应注意通风炼苗，防止秧苗徒长，清晨日出前要检查苗床，一旦发现有立枯病和青枯病的发生，及时进行防治。

重要农事

做好稻田耕整地工作。整地是水稻高产栽培的基础环节，稻农应该根据稻田土壤类型、地理位置以及水资源条件选择适宜的耕整地方式。常规耕整地流程：①修整灌排渠系（及时清淤，确保灌排通畅）→②做好旱整地（以秋翻为宜，春翻也可，翻地深度 15~20 厘米）→③施足底肥（旱整地之前施底肥，要求深施，底肥主要以氮、磷、钾肥为主，盐碱地稻区可适当增施硅肥和锌肥，氮肥底肥施用量一般占总施氮量的 40% 左右）→④泡田耙地：泡田要一次性泡透，稻田泡透后 3~4 天开始耙地→⑤本田除草剂封闭（一般采用插前和插后两次封闭为主）。

旱旋地

泡田

水耙地

小贴士

秋整地：主要是秋季旱翻、旱耙，在干旱年份、缺水地区或井灌地区采用较多。在丰水和盐碱地及地下水位较高的地区和田块，多采用秋旱翻春旱耙。这样有利于晒垡熟化土壤，灭虫灭草。

春整地：多数地区采用旱翻、旱耙、旱平地，包括旋耕整地。

旱整地：主要包括旋耕、翻耕、旱捞平和激光平地等作业。其作业标准是耕整地要到头、到边、不留死角，同一块地内高低差不超过 10 厘米，地表保证有 10~12 厘米的松土层。

水整地：一般是春季放水泡田 3~5 天后，用水田拖拉机配带不同的整地机械水整地。其作业标准要求达到土地平整，土壤细碎，同池内高低差不大于 3 厘米，地表有 5~7 厘米泥浆。

立夏

每年公历5月5–7日，太阳达到黄经45°时为立夏。《月令七十二候集解》中记载："立，建始也，夏，假也，物至此时皆假大也。"这里所说的"假"意为"大"的意思。实际上，按照气候学标准，日平均气温稳定升至22℃以上才为夏季的开始。

我国自古非常重视立夏这个节气。在民间有"立夏看夏"之说，而在《礼记·月令》篇对立夏是这样解释的："蝼蛄鸣，蚯蚓出，王瓜生，苦菜秀。"意为在立夏这个时节，青蛙开始聒噪着夏日的到来，蚯蚓叶忙碌着帮助农民翻松泥土，乡里田埂的野菜也都彼此竞相出土日日攀长。

旬气象资料

主要城市	长春市	吉林市	四平市	通化市	白城市	延吉市
平均最高气温（℃）	19.2	19.6	20.2	19.2	20.0	19.4
平均最低气温（℃）	6.8	5.2	7.5	6.3	5.0	4.5
平均气温（℃）	13.0	12.4	13.9	12.8	12.5	12.0

新技术推介

苏打盐碱水田快速脱盐碱耕整地技术：该技术由吉林省农业科学院发明，技术主要以秋翻代替春翻，利于节省水资源、快速脱盐碱；通过秋翻—春旋相结合，可优化土壤结构；实施粗耙平地，可避免出现因精耙导致的盐碱地土壤颗粒分散悬浮，沉浆慢的问题。具体操作流程：①秋收后，施有机肥后用大犁秋翻地15~30厘米后晒垡。②次年春季轻旱旋地一次、快旋一次，旋地10~12厘米。③打埂、泡田后粗耙地找平，至泥浆沉淀后进行移栽。

秋收后翻地，深度15~30厘米晒垡

次年春季土壤化冻15厘米左右旱旋，先轻旋一次，将肥均匀扬在田面，加大角度，快速旋1次旱旋深度10~12厘米

泡田后粗耙地，待沉浆后进行移栽

5月 中旬

水稻生育动态

水稻秧苗期。稻农应注重水稻育苗后期温度及水分管理，及时进行通风炼苗，防止秧苗徒长；同时要做好移栽时的带肥带药工作。

重要农事

做好水稻育苗后期管理工作。3 叶期到秧苗插秧，此阶段秧苗需水量增加，同时外界温度升温较快，棚内蒸发量大，床土容易缺水干裂。因此，浇水要及时且充分。此阶段棚温应控制在 20~22℃，插秧前一周应揭膜炼苗，大棚育苗要进行大通风。同时做好施送嫁肥（一般在插秧前 3~5 天左右施用，每平方米硫铵 50 克左右）、防潜叶蝇（插秧前 1~2 天用 40% 氧化乐果乳油对水 800 倍在无露水时喷雾）、适时插秧工作（适时早插能促进早生快发，延长水稻营养生长期，保证安全成熟获高产）。

2.5 叶龄秧苗

3 叶龄秧苗

2.5 叶期大棚秧苗生长情况

小贴士

适宜机插秧苗特征：叶龄 3.1~3.5 叶，秧龄 30~35 天，苗高 13 厘米左右，茎粗 3.5 毫米；百株地上干重 3 克以上；白根多、须根多、根毛长、根尖长。

如何正确确定水稻插秧适期?

根据水稻品种特性确定插秧期，由于不同地区温光状况不同，不同品种的生育期及其对温光反应也不尽相同，所以在选择插秧期时一定要保证稻株有足够的营养生长期和中期生殖生长期，同时后期有一定的灌浆结实期，只有这样才能保证水稻安全成熟。首先根据安全出穗期来确定，水稻出穗适温在 25~30℃，超过 35℃或低于 21℃对开花授粉均不利，出穗后要有 1 000℃左右的活动积温（约 45 天左右），吉林省一般在 7 月末到 8 月上旬为安全出穗期，不宜超过 8 月 10 日；然后根据插秧时的温度条件确定插秧期。水稻耐低温性能和水稻根系发育起点温度决定插秧早晚的条件。一般情况下，水稻根系发根的最低温度为 15℃，泥温 13.7℃，叶片生长温度为 13℃，所以水稻最早插秧的温度为日平均温度稳定通过根系生长起点温度（15℃）后开始插秧。

每月农谚歌

立夏东风少病遭，时逢初八果生多。雷鸣甲子庚辰时，注定蝗虫损稻禾。

农谚

"立夏勿下雨，犁耙倒挂起""谷子播种不宜早，种早灾害全来了""肥田靠发，瘦田靠插""立夏不下，无水洗耙""立夏有雨家家欢，立夏无雨防天旱""立夏插秧家把家，小满插秧普天下""立夏插秧分早晚，小满插秧时赶时"。

旬气象资料

主要城市	长春市	吉林市	四平市	通化市	白城市	延吉市
平均最高气温（℃）	21.8	21.8	22.6	21.1	23.1	22.0
平均最低气温（℃）	1.9	7.4	9.7	8.1	0.8	1.8
平均气温（℃）	15.4	14.6	16.2	14.6	15.6	14.5

农事问答

本田前期杂草防除的主要方法有哪些?

本田杂草防除应针对当地杂草的种类、杂草基数、灌溉条件等选择适宜的除草剂产品，并根据本田杂草的发生特点，确定防治时期。本田杂草的防除原则是重点抓前期，控制中、后期。本田前期杂草防除主要分为插秧前封闭和插秧后二次封闭除草。

插秧前封闭除草的施药时间一般在插秧前 5~7 天，防除主要方法有：每亩使用 25% 恶草灵乳油 120 毫升，对水喷施，保水 3 天后插秧；或每亩使用 60% 丁草胺乳油 75 毫升加 25% 恶草灵乳油 60 毫升，毒土法施用，保水 3 天后插秧；或每平方米使用 60% 丁草胺乳油 75~100 毫升加 10% 卞嘧磺隆 15~20 克，毒土法施用，保水 3 天后插秧。

插后封闭灭草药剂的施用时间一般在插秧后的 5~7 天，施药时田间保持水层 3~5 厘米，保水层 5 天。防除主要方法有：每亩使用 60% 丁草胺乳油 100 毫升加 10% 草克星湿性粉剂 10 克，毒土（肥）法施用；每亩用 50% 快杀稗可湿性粉剂 30 克加 10% 农得时可湿性粉剂 10 克，对水喷雾。每亩用 60% 丁草胺乳油 100 毫升加 25% 西草净可湿性粉剂 100 克，毒土（肥）法施用。

近年来，稻田水绵发生严重，可每亩用 45% 三苯基乙酸锡可湿性粉剂 40~45 克，在水稻插秧后的分蘖期见水绵后喷施或毒土法施用，安全有效。

5月 下旬

水稻生育动态

水稻秧苗期 / 返青期。稻农应根据当地的自然条件和品种熟期，选择适宜的插秧时间、插秧方式、插秧叶龄、插秧密度和插秧棵数，只有优化各个措施，才能达到高产。

重要农事

做好水稻插秧工作。吉林省插秧方式主要有手工插秧、机械插秧和抛秧。水稻插秧方式应根据当地生产生态条件、施肥水平、土壤状况、品种特性、机械化程度、劳力多少、栽培水平、水源条件及秧苗素质、移栽时间和历年病虫害发生危害程度、参考产量指标等因素进行综合分析，从中选出适应不同地区、地段和田块的最佳插秧形式，再根据插秧形式确定合理的插秧密度。一般吉林省插秧时间主要在 5 月 10–25 日，机插秧密度普遍为 30 厘米 ×（13.5~20）厘米，每穴 3~4 苗。插秧时水层要浅，以寸水不露泥为宜；插秧要做到浅插、垅正、行直，做到“四插、四不插”；插秧后要进行灌水，水层深度 2~3 厘米，水层深度不能淹没秧苗心叶，插完后应及时查苗补缺。

坐式机插秧

手扶式机插秧

人工手插秧

农事问答

水稻机插秧的优势有哪些?

1. 减轻劳动强度，提高作业效率。高速插秧机一般每天 8 小时工作量可以栽插 6~7 公顷大田，如果人员配置合理还能提高工作效率。而每台插秧机一般只需 3 个人就可以完成插秧工作，平均每人每天插秧量为 2~3 公顷，而人工插秧一个劳动力一天仅能插 0.1~0.2 公顷水田。

2. 节约水稻种植成本。插秧机栽插水稻，栽植有序，通风向阳效果好，与传统人工栽插方式比能显著减少病虫害的发生，减少杂草的滋生，节约农药费用、除草剂费用。另一方面插秧机栽插雇工少，可节约雇人成本。

3. 易于管理，能够实现水稻稳产高产。采用机插作业，秧苗群体质量易于调控，且返青快、分蘖多，易于田间管理，容易获得稳产高产。

小满

每年公历5月20–22日，太阳达到黄经60° 时为小满。在《月令七十二候集解》中有这样的描述：“四月中，小满者，物致于此小得盈满。”从气候特征看来，小满时节我国大部分地区已经逐渐进入夏季，南北温差明显缩小，降水逐渐增多。

我国古代将小满分为三候：“初候苦菜秀，二候靡草死，三候麦秋至”，其含义是说小满时节苦菜已经枝繁叶茂，而喜阴的一些枝条细软的草类在阳光强烈的照射下开始逐渐枯死。这时的麦子已经开始成熟。由小满节气开始到下一个芒种节气，全国各地开始正式进入到夏季。

旬气象资料

主要城市	长春市	吉林市	四平市	通化市	白城市	延吉市
平均最高气温（℃）	23.5	23.3	23.3	22.5	24.7	22.6
平均最低气温（℃）	11.3	10.1	11.7	10.0	10.5	8.9
平均气温（℃）	17.4	16.6	18.0	16.3	17.6	15.8

小贴士

提倡适时早插：适时早插能促进水稻早生快发，延长水稻营养生长期。尤其是生育期较长的品种，更能得到充分的生长发育，在壮秧稀植的情况下，也能取得足够的分蘖，充分利用较长的光照时间，干物质积累多，叶鞘生长充实，产生的分蘖大，茎秆粗壮，为幼穗分化创造良好条件。

如何提高插秧质量?

水稻插秧是标准化程度很高的工作。在根据不同土壤肥力和品种确定合理密植的基础上，提高插秧质量就成为获得高产的主要技术环节之一。提高插秧质量的主要措施有下面两个方面。

1. 提高整地质量，做到地平如镜，泥烂适中，上糊下松，有水有气，田格规整，梗直如线，沟清水畅，渠系配套，灌排通畅，搞好封闭灭草。

2. 在有水层条件下作业，带水插秧，浅水护秧；插秧时坚持做到“四插四不插”（“四插”指浅插、稀插、直插、匀插；“四不插”指不插脚窝秧、不插拳头秧、不插隔夜秧、不插窝脖秧），确保行穴距一致，密度合理。插秧要求以浅插为主，插牢、插均，不漂苗，不缺苗断条；插后要及时查田，发现缺苗的地方要抓紧时间安排补苗。

6月 上旬

水稻生育动态

水稻返青期 / 分蘖期。稻农应注意插后水层的管理，随时关注天气情况，如遇低温天气要及时进行深水护苗，但切不可淹苗；同时做好插后封闭以及潜叶蝇防治工作。

重要农事

做好插秧后至分蘖末期田间水层的管理工作。该时期要保持浅水层，在正常年份水层深度一般控制在 2~3 厘米，如遇低温冷害年或返青期遭遇寒潮，可适当增加水层深度 1~2 厘米，以利于保持土壤温度，采用深水护苗切不可淹苗。待低温过后要立即进行放水，恢复浅水层管理。插秧后 7~10 天施用分蘖肥（施肥量一般占总施氮量的 35%~40%），吉林省分蘖肥施用时间一般在 6 月 5 日前后。

插后缓苗植株

水稻返青期植株群体

缓苗后植株

小贴士

水稻返青期：指插秧后全田 50% 以上植株叶片由绿转黄，然后再由黄转绿，并出新根的这段时间。机插秧中苗返青即出生顶 4 叶，称为返青叶片，茎数此时应有 10% 的 1 叶分蘖露尖。

如何防止水稻插后大缓苗?

水稻插秧后迟迟不返青的现象，称为大缓苗。发生大缓苗的主要原因有：①春季长时间低温，造成冷害发生。②秧苗素质差，由于播种量大形成弱苗。③秧苗深度未达到标准，插的过深。④播后没有及时复水护苗。⑤遇大风暴等原因酌伤稻苗。⑥插苗后灌水过深。⑦潜叶蝇为害。

为避免大缓苗，应采取以下防止方法：重点培育壮苗，移栽时浅插，插后及时复水。同时，注意插秧前秧苗带药下地，防治潜叶蝇的危害，保护好功能叶，促进新根的生长，提早返青分蘖。

芒种

每年公历6月5–7日，太阳达到黄经75°时为芒种。《月令七十二候集解》对芒种是这样描绘的：“五月节，谓有芒之种谷可稼种矣。”其意为：大麦、小麦等有芒作物种子已经成熟，抢收非常急迫。俗话说“春争日，夏争时”就是对芒种这个忙碌的时节最好的诠释。

我国古代将芒种分为三候：“一候螳螂生，二候鵙始鸣，三候反舌无声”。其意为在芒种节气，螳螂于去年深秋产的卵因感受到阴气初生而孵化出小螳螂，喜阴的伯劳鸟开始在枝头出现并鸣叫。而反舌鸟确停止鸣叫了。时至芒种时节，全国各地都是一派忙碌的景象。因此，“芒种”也称为“忙种”。

旬气象资料

主要城市	长春市	吉林市	四平市	通化市	白城市	延吉市
平均最高气温（℃）	24.8	24.4	25.3	23.5	25.9	23.1
平均最低气温（℃）	13.8	12.2	13.8	12.2	12.5	11.0
平均气温（℃）	19.1	18.3	19.6	17.9	19.2	17.1

虫害防治

潜叶蝇：又叫稻小潜叶蝇。其是本田发生最早的害虫，通常缓苗前后出现危害症状，主要是幼虫钻蛀水稻叶片，以取食贴近水面的叶片为主，残留上、下表皮，受害叶片上呈现弯曲黄白色的条纹，如两手指抓有白色条纹的叶往上掳，叶面上有凸起的地方叶内可看稻幼虫或蛹。如果水分渗入，受害叶片则腐烂，从而引起全株枯死；受害重的田块，大量死苗。

防治方法：防治潜叶蝇应以内吸型杀虫剂为主，通常于插秧前1~2天，在秧苗上喷洒40%乐果乳剂800倍液，带药移栽；或在5月下旬成虫发生盛期，用50%辛硫磷乳剂1 000倍液或2.5%敌杀死乳剂3 000倍液喷雾防治，并注意田埂杂草上的成虫。如果本田发生情况较重，应当及时在6月上旬幼虫孵化盛期，本田落浅水位后用40%乐果乳剂对水稀释1 000倍液进行喷雾，打药时可以对一定量的溴氰菊酯兼顾负泥虫的防治。此外，防治潜叶蝇还可以采用降低水层或排干稻田积水的措施，也能有具有一定的防控效果。

潜叶蝇危害水稻叶片症状

潜叶蝇成虫

6月 中旬

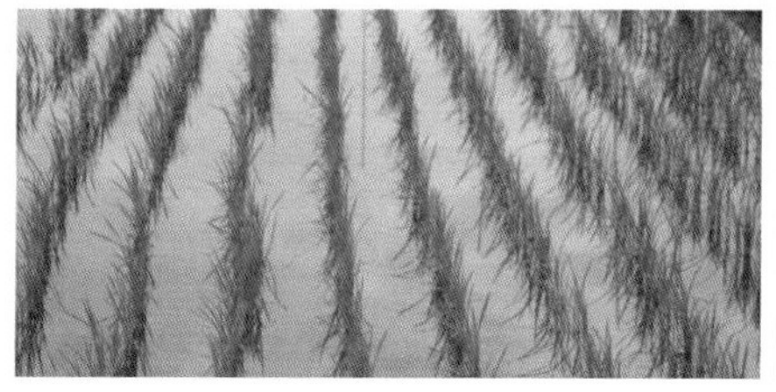
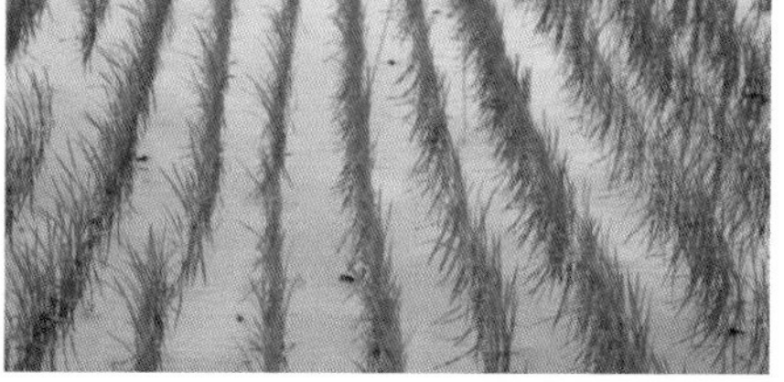

水稻生育动态

水稻分蘖期。稻农应多留意本地区天气预报情况，持续保持田间适宜的水层深度，此阶段如水分不足，会严重影响水稻分蘖的生长，最终造成减产。

重要农事

做好分蘖期田间管理工作。保持田间水层深度 3 厘米左右；勤查看田间是否有虫害发生，应做到早发现，早防治；同时，做好低温冷害防御和本田中后期杂草防治工作。

分蘖初期植株

分蘖中期植株

分蘖后期植株

小贴士

水稻延迟性冷害：指水稻从播种到抽穗前各生育时期遇到较低温度的危害。主要表现为因低温延迟水稻生长发育，穗分化和抽穗日期显著延迟。受害严重的植株直到收获期穗部仍然直立，造成最终颗粒无收。

杂草防除

本田中后期杂草防治时期为水稻分蘖期，防除对象主要是莎草科杂草和阔叶杂草。防除主要有以下几种方法：以眼子菜、藻类为主的田块，每亩用 25% 西草净可湿性粉剂 125~150 克，在眼子菜叶片由红转绿时，毒土法施用；或以稗草为主的田块，每亩用 2.5% 稻杰油悬浮剂 60~80 毫升，在稗草三至四叶期对水喷雾。如稗草叶龄加大，应适当加大药量。用药时要排干田水，用药后 24 小时灌水 3~5 厘米，保水 5~7 天；或以水莎草、牛毛草、三棱草等莎草科杂草为主的田块，每亩可用 56% 二甲四氯粉剂 80~100 克，在水稻分蘖盛期毒土法撒施，施药时保持 3~5 厘米水层 5 天左右。

药剂喷雾防除杂草

每月农谚歌

端午有雨是丰年，芒种闻雷美亦然。夏至风从西北起，瓜蔬园内受熬煎。

农谚

“虫不怕，病不怕，就怕有灾不管”“种地别夸嘴，全凭肥和水”“六月二十雨垂垂，蒲包帘子盖墙头，大熟年成减半收”“麦到芒种谷到秋，寒露才把豆子收”“夏至无雨三伏热”“过了芒种，不可强种”“芒种芒种，样样要种”。

旬气象资料

主要城市	长春市	吉林市	四平市	通化市	白城市	延吉市
平均最高气温（℃）	26.3	26.0	26.9	24.8	27.2	24.5
平均最低气温（℃）	15.4	14.1	16.0	13.8	14.8	12.8
平均气温（℃）	20.9	20.1	21.5	19.3	21.0	18.7

水田主要杂草识别

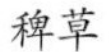

稗草

看麦娘

慈姑

泽泻

雨久花

三棱草

眼子菜

水棉

芦苇

6月 下旬

水稻生育动态

水稻分蘖期。此时期吉林省大部分稻区水稻进入分蘖后期，稻农应根据当地土壤类型、自然气候条件以及水稻长势等情况，选择适合的方式控制无效分蘖的产生。

重要农事

做好水稻分蘖后期田间管理的工作。一般进入6月下旬水稻进入分蘖后期，也就是无效分蘖期。此阶段产生的分蘖不仅不能成穗和结实，而且还为大量消耗土壤养分。因此，为了抑制水稻无效分蘖的产生，可采用排水晒田（主要用于平原区和稻瘟病多发区，当群体总茎数达到所需穗数80%时开始排水晒田）和深灌淹蘖（主要用于冷害频发的山区和半山区，水层深度10厘米以上，灌溉时间以7~10天为宜）两种方法。同时做好延迟性低温冷害的防御和二化螟防治工作。

分蘖初期群体长势

分蘖中期群体长势

分蘖期后期群体长势

小贴士

晒田的时间：晒田一般多在水稻对水分反应不甚敏感时期进行。水稻分蘖末期至幼穗分化初期是晒田的适宜时期，一般多选择在有效分蘖终止期前3天进行晒田，时间5~7天。晒田程度应以苗数足、叶色浓、长势旺、土质肥沃、土壤渗透量小的地块稍重晒，反之则轻晒。低洼冷浸地和水稻根发黑的地块，即使长势不旺、苗数不多也应排水轻度晒田。而重度盐碱地则不宜晒田，以防返盐返碱。

晒田的标准：当茎蘖数达到预期穗数80%时即开始晒田，晒田要达到田面出现小的龟裂，下田不陷脚，使苗色逐渐落黄。中间可过水一、二次，以延长晒田时间，使田面不至于干裂过甚而妨碍水稻正常生理功能。

晒田

夏至

每年公历6月21–22日，太阳达到黄经75°时为夏至。夏至是二十四节气中日长最长的一个节气。《恪遵宪度抄本》中有这样描绘："五日北至，日长之至，故曰夏至，至者，极也。"到达在夏至这天，太阳直射地面的位置达一年的最北端，几乎直射北回归线，北半球的白昼时间达到最长。夏至以后，北半球的白昼日渐缩短。

我国古代将夏至分为三候："初候鹿角解，二候蜩始鸣，三候半夏生"。其意为在夏至节气，阳性的鹿角开始脱落，雄性的知了鼓翼而鸣，喜阴的半夏开始生长发育。过了夏至炎热的夏天就已经到来了。

旬气象资料

主要城市	长春市	吉林市	四平市	通化市	白城市	延吉市
平均最高气温（℃）	27.4	27.4	27.8	26.0	28.4	25.5
平均最低气温（℃）	17.2	16.0	17.5	15.8	16.4	14.6
平均气温（℃）	22.3	21.7	22.7	20.9	22.4	20.1

虫害防治

二化螟：俗称钻心虫、蛀心虫，是吉林省水稻发生比较普遍的一种害虫。受二化螟危害的稻田一般年份减产5%~10%且有逐年加重的趋势。二化螟的成虫主要集中在7月上旬开始在稻田中产卵，幼虫孵化出来后通过钻蛀的形式危害水稻。在水稻分蘖期幼虫先群体在叶鞘内侧蛀食为害，叶鞘外面出现水渍状黄斑，后叶鞘枯黄，称之为"枯鞘"；然后幼虫钻入稻茎后开始蛀茎，被钻蛀早的茎秆出穗后死亡，全部表现为白穗，而钻蛀较晚的表现为空粒和秕粒。仔细观察受害茎上有发现很多小蛀孔，扒开茎秆虫粪多，且茎秆易折断 。

幼虫及危害状

发生规律：吉林省二化螟一般6月上旬开始化蛹；6月末至7月上旬为越冬代成虫出现盛期，幼虫危害期主要发生在7月中、下旬。此阶段应密切注意田间二化螟成虫的发生，一旦发现，应及时进行防治。

防治方法：一般在6月末防治成虫，7月中上旬防治幼虫，可用90%杀虫单可溶粉剂每亩45克对水喷雾；或用75%硫双威可湿性粉剂每亩10克对水喷雾；或杜邦康宽每亩10克对水喷雾。

危害状－白穗

7月 上旬

水稻生育动态

水稻分蘖期 / 拔节期。此时水稻正处于营养生长向生殖生长的生育转换时期，稻农不仅要做好分蘖后期的水层管理工作，还要勤观察田间是否有病虫害的发生。

重要农事

做好拔节期的田间管理工作。此阶段的水层管理一般以浅湿交替灌溉为主，当水稻处于拔节初期时（即倒二叶露尖）要进行复水，以满足此阶段水稻对水分的需求，水层深度 3~4 厘米。同时做好二化螟、稻瘟病、纹枯病等病虫害的防治工作，尤其是稻瘟病防治，应以预防为主，提早进行防治。

水稻拔节期植株群体

农事问答

吉林省水稻本田期主要病害都在什么时期发生?

吉林省水稻本田期病害种类很多，但在生产上能造成危害的常见病害主要有：稻瘟病、纹枯病、白叶枯病、恶苗病、稻曲病、胡麻叶斑病和赤枯病等。而由于各种病害的发生时期不同，防治方法也不相同。

稻瘟病在水稻整个生育期内均可发生，而且稻株各个部位都可受害，尤以叶瘟和穗颈瘟为主。吉林省叶瘟一般发生在 6 月下旬至 7 月中旬，而穗颈瘟则主要发生在水稻出穗以后，是目前危害最重、影响产量最大的一种病害；纹枯病发病期一般在分蘖后期至成熟期，而抽穗期至灌浆期为发病盛期，主要以叶鞘危害为主，严重时造成叶片死亡；恶苗病在水稻苗期至出穗后均可发病，以苗期和插秧期 10~30 天为发病高峰，主要是通过种子带菌进行传播；白叶枯病则以分蘖末期和齐穗期为发病盛期，吉林省通常发生较少；稻曲病只发生在稻穗上，病株主要通过土壤传播为主，小部分是由于种子带菌进行传播；胡麻叶斑病自秧苗至收获期均可发生，正常年份发生较少；赤枯病主要发生在分蘖期至齐穗期，一般都是由于土壤通气不良或土壤缺锌所引起的。

小暑

每年公历7月6–8日，太阳达到黄经105°时为小暑。小暑意为炎热开始了。《月令七十二候集解》对小暑是这样解释的："六月节……暑，热也，就热之中分为大小，月初为小，月中为大，今则热气犹小也。"这句话意为在小暑这个时节，天气开始越来越热，但还未达到最热的时间。

我国古代将小暑分为三候："初候温风至，二候蟋蟀居宇，三候鹰始鸷"。这句话的意思就是说小暑时节便不再刮一丝凉风，而是风中都带着热浪，蟋蟀离开了田野，到庭院的角落避暑，而老鹰因地面温度过高而在清凉的高空中飞翔。此时，人们应注意防暑降温。

旬气象资料

主要城市	长春市	吉林市	四平市	通化市	白城市	延吉市
平均最高气温（℃）	27.7	27.6	28.1	26.6	28.5	25.9
平均最低气温（℃）	18.0	17.1	18.7	17.3	17.6	15.7
平均气温（℃）	22.9	22.4	23.4	22.0	23.1	20.8

新技术推介

减氮增磷增密栽培技术：由吉林省农业科学院发明，该技术针对吉林省稻区生育积温不足、早春气温低、孕穗期冷害频发的问题，提出"减氮增磷增密"冷害抗御技术。在重视孕穗期障碍性冷害施肥防御技术构建的同时，建立了移栽期延迟性冷害施肥防御技术和水稻减氮增密技术，通过适度提高床土和底肥的磷肥用量提高水稻对冷害的耐性；通过控制施氮总量、分蘖肥减氮、穗肥增氮以提高结实率与成熟度；通过增加移栽密度来保证氮肥减量施用而造成的前期营养生长不足问题。

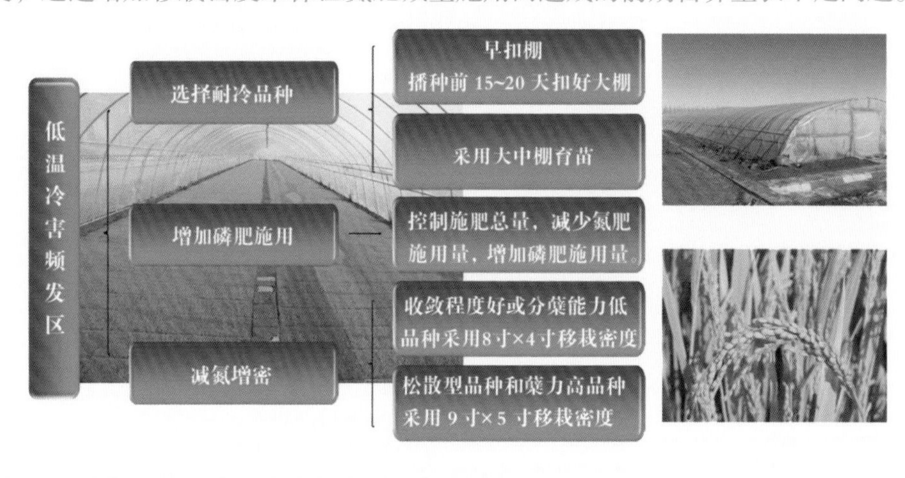

7月 中旬

水稻生育动态

水稻幼穗分化期 / 孕穗期。此时稻农在田间水分管理上要特别留意，切勿田间缺水，重点做好穗肥的施用和病虫害的预防。

重要农事

做好幼穗分化期至孕穗期的田间管理工作。此阶段水稻已经由营养生长转入生殖生长，是水稻一生中对水分最敏感期。为满足水稻需水要求，一般田间水层应保持 5~8 厘米。如遇 17℃以下低温，应适当增加灌水深度，水层深度可达 15~20 厘米，保护幼穗发育，避免障碍性冷害发生，低温过后要恢复原深度水层。同时施好穗肥（施肥量一般不超过总氮量的 20%，长势过繁茂可不施）。重点注意二化螟的防治和稻瘟病的预防。

小贴士

施好穗肥：穗肥既能促进颖花数量增多，又能防止颖花退化。在基肥和蘖肥比较充足的前提下，穗肥不宜在穗分化始期施用，因为此时施肥，虽然增加枝梗和颖花数，但亦能助长基部节间和上部叶片的伸长，使群体过大，恶化光照条件，引起倒伏和病害的发生。施用穗肥一般应在抽穗前 25 天施用为宜。而施肥量不宜超过总施氮量的 20%，如果水稻长势过于繁茂或有稻瘟病发生症状则不宜施用穗肥。

病害防治

稻瘟病：俗称稻热病、掐脖瘟，是吉林省发生最为普遍且危害最重的水稻病害。稻瘟病以叶瘟和穗颈瘟对水稻产量影响最大，发生严重发病的田块，叶片枯死呈火烧状或白穗秕粒累累，造成水稻严重减产。

形态特征：叶瘟一般发生在水稻分蘖期和拔节期，可分为白点型、慢性型、急性型和褐点型四种类型，其中慢性型最为常见，病斑形状为梭形，边缘黄褐色，中间有灰色或白色斑点，背面有灰色霉层。穗颈瘟发生在水稻抽穗期，发病初期在穗颈出现水渍状浅褐色小点，扩展后整段变成黑褐色长斑，造成瘪粒或白穗。

发生叶瘟的水稻植株

药剂防治方法：一般在抽穗初期和齐穗期进行两次喷药防治，可选 40% 富士一号乳剂每亩 100~150 克对水喷雾；或 75% 三环唑可湿性粉剂每亩 80~120 克对水喷雾；或 40% 稻瘟灵乳油每亩 100~120 毫升对水喷雾。

每月农谚歌

三伏之中逢酷热，五谷田禾多不结。此时若不见灾危，定主三冬多雨雪。

农谚 “治病要早，除虫要了”“小暑不算热，大暑三伏天”“小暑热，果豆结；大暑不热，五谷不结”“小暑大暑，淹死老鼠，小暑热得透，大暑凉飕飕”“人在地里热得跳，稻在田里哈哈笑”“热极生风，闷极生雨”“头伏有雨，伏伏有雨”。

旬气象资料

主要城市	长春市	吉林市	四平市	通化市	白城市	延吉市
平均最高气温（℃）	27.0	27.9	28.4	27.1	28.9	27.0
平均最低气温（℃）	19.0	18.1	19.7	18.2	18.4	16.9
平均气温（℃）	23.5	23.0	24.1	22.7	23.7	22.0

新技术推介

增碳增氧增抗栽培技术：简称“三增”栽培技术，由吉林省农业科学院发明，该技术主要针对苏打盐碱水田土壤分散性强、通水透气性差，有机质含量低、供养条件差，前期施肥重、倒伏严重等问题，提出苏打盐碱水田“三增”改土培肥技术，即稻草留茬还田增碳、旱整平免水耙增氧、减氮肥增磷肥增抗。该技术通过稻草还田培肥土壤，增加土壤养分提供能力；通过旱平免水耙增氧透气，增加土壤通透性和渗透性；通过减氮肥增磷肥耐冷抗倒，提高水稻抗逆能力。

水稻秋收后，留茬高度26~30厘米

土壤含水量在20%左右开始翻耕，作业深度在15~20厘米

春季土壤化冻15厘米，旱旋整平施底肥，深度10厘米

不进行水耙地，泡田洗田1~2次，当沉淀花达水时插秧

减氮20%控蘖促穗，增磷10%提高水稻耐冷性

7月 下旬

水稻生育动态

水稻孕穗期 / 抽穗期。此时由于外界温度较高，水稻光合作用加强，仍然要保持田间适宜水层深度，为水稻提供一个稳定的温度环境。

重要农事

做好孕穗期至抽穗期的田间管理工作。此阶段继续保持田间水层深度 5~8 厘米，随时查病查虫，并留意天气预报，做好低温冷害和高温热害的防御工作。

孕穗期水稻植株群体

病害防治

纹枯病：俗称“花杆病”“烂脚病”“云杆病”。近年来，由于氮肥施用量的加大，水稻纹枯病有逐年加重的趋势，尤其是高产栽培，发病后对水稻产量影响较大，应引起足够重视。

发生纹枯病的植株

形态特征：纹枯病以抽穗期至灌浆期为发病盛期，病菌主要以叶鞘侵害危害为主。叶鞘发病初期首先在近水面处产生暗绿色水渍状小斑点，逐渐扩大呈椭圆形或云纹性，边缘褐色，中间呈草黄色或灰白色，严重时造成叶片死亡；潮湿时，叶片病斑与叶鞘上的很相似，但形状较不规则，边缘褪黄，发病快时，叶片很快腐烂。吉林省 7–8 月高温逢雨季常严重发生。

药剂防治方法：7 月中、下旬，当穴发病率达到 15% 时就要进行药剂防治。可选择 5% 井冈霉素气雾剂每亩 100 毫升对水喷雾；或 50% 多菌灵每可湿性粉剂每亩 100 克对水喷雾；或 20% 粉锈宁乳油每亩 50~80 毫升对水喷雾。

大暑

每年公历7月22–24日，太阳达到黄经120°时为大暑。《月令七十二候集解》写到："六月中……暑，热也，就热之中分为大小，月初为小，月中为大，今则热气犹大也。"其描述的就是大暑时节，正值"三伏"天的中伏，是全年中最热的时期，气温最高，是作物生长速度最快的时期，也是各地区旱涝等气象灾害最为频繁的时期。

我国古代将大暑分为三候："一候腐草萤，二候土润溽暑，三候大雨时行"。大暑时萤火虫孵化而出，土地此时也很潮湿，时常有大的雷雨天气出现，暑湿减弱，天气开始向立秋过度。大暑时节更要注意防暑降温工作。

旬气象资料

主要城市	长春市	吉林市	四平市	通化市	白城市	延吉市
平均最高气温（℃）	27.8	28.0	28.3	27.7	28.6	27.9
平均最低气温（℃）	19.4	19.1	20.2	19.4	18.7	18.5
平均气温（℃）	23.6	23.5	24.2	23.5	23.7	23.2

水稻缺素诊断

缺氮症状：水稻缺氮植株矮小，分蘖少，叶片小，呈黄绿色，成熟提早。一般先从老叶尖端开始向下均匀变黄，逐渐由基叶延及至心叶，最后全株叶色褪淡，变为黄绿色，下部老叶枯黄。发根慢，细根和根毛发育差，黄根较多。黄泥板田或耕层浅瘦、基肥不足的稻田常发生。

缺磷症状：秧苗移栽后发红不返青，很少分蘖，或返青后出现僵苗现象；叶片细瘦且直立不披，有时叶片沿中脉稍呈卷曲折合状；叶色暗绿无光泽，严重时叶尖带紫色，远看稻苗暗绿中带灰紫色；稻株间不散开，稻丛成簇状，矮小细弱；根系短而细，新根很少；若有硫化氢中毒的并发症，则根系灰白，黑根多，白根少。

缺钾症状：植株矮小，茎短而细，分蘖少，老叶软弱下披，心叶挺直。叶片自下而上叶尖先黄化，随后向叶基部逐渐出现黄褐色斑点，最后干枯变成暗褐色，严重缺钾时叶片枯死，有些植株叶鞘、茎杆也出现病斑，远看一片焦赤，俗称"铁锈病"。根系发育显著受损，发育不良，易脱落，易烂根。穗长而细，谷粒缺乏光泽，不饱满，易倒伏和感病。

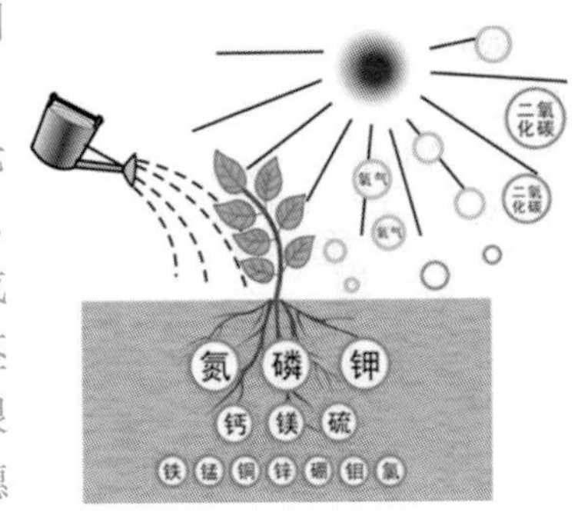

作物营养秧全面

8月 上旬

水稻生育动态

水稻抽穗开花期/齐穗期。此时应重点以提高水稻根系活力为基础，预防根系衰老，创造有氧气的土壤环境。

重要农事

做好抽穗期后20天内的田间管理工作。此阶段在不影响水稻生育的前提下，水层管理应着眼于减少灌水，增加土壤通透性。抽穗后20天内可采用浅水灌溉或间歇性湿润灌溉方法，浅水灌溉可在抽穗开花期建立水层2~3厘米；间歇灌溉需保持土壤饱和水状态，即通常所说的花达水，以要满足水稻生理用水。同时注意水稻低温冷害的防御。

水稻开花期植株

病害防治

稻纵卷叶螟：俗称卷叶虫，在吉林省属于间歇发生。以幼虫危害叶片为主，幼虫常将剑叶纵卷，隐藏其中食取叶肉，残留表皮，形成白色条斑。严重时叶片枯白，致粒重降低、秕粒增加而减产。

防治方法：在幼虫发生期，选择发生密度较大的田块进行化学防治。可选用50%辛硫磷乳剂1 000~1 500倍液喷雾；或80%敌敌畏乳剂1 000~1 500倍液喷雾；或2.5%溴氰菊酯乳剂2 000~3 000倍液喷雾。

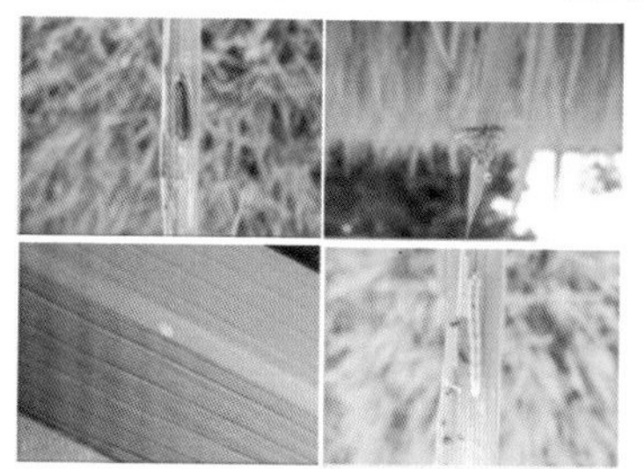

卵—成虫

田间受害状

立秋

每年公历8月7–9日，太阳达到黄经135°时为立秋。《月令七十二候集解》对立秋的描写："七月节，立字解见春（立春）。秋，揪也，物于此而揪敛也。"此节气暑去凉来，意为着秋天的开始。

我国古代将立秋分为三候："初候凉风至，二候白露降，三候寒蝉鸣"。其意为立秋过后，刮风时人们会感觉到凉爽，接着，大地上早晨会有雾气产生，而感阴而鸣的寒蝉也开始鸣叫。立秋由于盛夏余热未散，秋阳肆虐，一时暑气难消，过后，天气开始渐渐凉爽。立秋时节，气温的日温差变化开始明显，白天通常很热，而夜晚比较凉爽。

旬气象资料

主要城市	长春市	吉林市	四平市	通化市	白城市	延吉市
平均最高气温（℃）	27.5	27.8	28.4	27.6	28.5	28.0
平均最低气温（℃）	18.9	18.2	19.6	18.8	17.8	18.7
平均气温（℃）	23.2	23.0	24.0	23.2	23.2	23.4

农事问答

怎样通过改善栽培条件提高稻米品质？

1. 提升土壤肥力，氮磷钾肥科学合理使用。优质米高产栽培必须注意保持土壤较高的有机质含量和土壤养分平衡。连续施用有机肥，对改良土壤、增加有机质含量、保持土壤养分平衡和保证后期养分供给有重要作用。在化肥的使用上，要把握三点，首先要做到平衡施肥，注意化肥品种和数量的合理搭配。其次要适当增加基肥和使用数量，确保基肥使用数量达到40%以上。同时，要控制后期氮肥的使用数量。最后是施肥时间的选择，应采用分期施氮，特别是在抽穗或齐穗期追施氮肥，对提高稻米蛋白质含量和降低直链淀粉含量具有明显效果。

2. 适时早插，合理稀植。通过适时早插促进早生快发，争取低位分蘖，提高分蘖成穗率，确保水稻早抽穗和安全成熟。这对于提高籽粒的饱满度和稻米品质都是有利的。此外，通过合理稀植，建立合理的群体结构，实现小群体，壮个体，保证水稻植株生长健壮。这样不仅可以有效地防止倒伏，减轻纹枯病的发生，同时也有利于形成大穗。

3. 改善灌溉条件，科学管水。加强水资源管理，杜绝污水灌溉；同时要注重水稻生育后期的水分供给，研究表明，结实期缺水时间过长，会造成稻米的垩白度增加、直链淀粉含量降低、蛋白质含量增加，能够降低稻米的食味品质。而适当的水分供应可以提高稻米的精米率，从而提高其加工品质。

8月 中旬

水稻生育动态

水稻齐穗期/灌浆期。水稻开花后 3~5 天开始灌浆，灌浆后籽粒内容物呈白色乳浆状，淀粉不断积累，正式进入乳熟期。

重要农事

采用浅水灌溉或间歇灌溉方法。采用浅水灌溉方式，灌水不能过多；而采用间歇灌溉方式，田间要始终保持土壤饱和状态，切不可缺水，抽穗开花后应根据水稻生长情况合理施用粒肥（不宜超过总施氮量的 10%）。

水稻齐穗期群体

小贴士

粒肥的施用原则：①在安全抽穗期前抽穗或生长后期有早衰、脱肥现象的稻田施用粒肥。②施用时间应在始穗期至齐穗期内施完。③氮肥施用量要根据水稻长势来确定，一般以不超过总施氮量 10% 的氮肥施用为宜。④前期肥料施用充足且水稻长势良好的稻田可以不施用粒肥。

农事问答

为什么有的年份有些品种不能正常成熟？

1. 越区种植。种植的品种所要求的积温超过本地区常年积温，造成品种贪青，不能正常成熟。

2. 遇到了延迟型冷害。特别是生育前期遇到低温，水稻迟迟不分蘖，幼穗分化期和抽穗期明显延迟。

3. 抽穗灌浆期遇到低温。空秕粒增加，千粒重下降，不能正常成熟，导致产量降低。

4. 种植的品种是在当地属于积温“满贯”品种。在正常栽培条件下可以安全成熟，但是由于施肥量大或者造成药害导致贪青晚熟而不能正常成熟。

每月农谚歌

立秋无雨甚堪忧，万物从来一半收。处暑若逢天下雨，纵然结实也难留。

农谚

“立秋无雨见堪愁，大熟年成减半收”“立秋有雨样样有，立秋无雨收半秋”“三九不冷夏不收，三伏不热秋不收”“朝立秋，凉飕飕。暮立秋，热到头”“立秋处暑八月中，培育良种莫放松”“生产要丰收，秋季是关头；种也在人，收也在人”。

旬气象资料

主要城市	长春市	吉林市	四平市	通化市	白城市	延吉市
平均最高气温（℃）	26.5	26.6	27.3	26.9	27.3	27.1
平均最低气温（℃）	17.4	16.7	17.8	17.5	16.1	17.5
平均气温（℃）	22.0	21.7	22.6	22.2	21.7	22.3

病害防治

水稻稻曲病：俗称“乌米”或“丰产果”，是由稻曲病菌引起的水稻穗部真菌性病害。该病菌只发生在穗部，为害谷粒，其主要侵染源是落在田间的稻曲球和稻曲厚垣孢子，可在稻田土中越冬，存活期可达5年以上。

形态特征：稻曲病主要在开花期至乳熟期发病，症状显现则是在灌浆成熟期。病菌侵入谷粒后，在颖壳内形成菌丝块，破坏病粒内的组织。菌丝块逐渐增大，颖壳合缝处微开，露出淡黄色块状的孢子座。孢子座逐渐膨大，最后包裹颖壳，形成比健粒大3~4倍表面光滑的近球形体，黄色并有薄膜包被，随子实体生长，薄膜破裂，转为黄绿或墨绿色粉状物（厚垣孢子），略带黏性，不易飞散，但可因风雨而脱落，一穗中仅几个或十几个颖壳变为稻曲病粒。

药剂防治措施：稻曲病应提前用药预防，用药适期为水稻抽穗期前7天左右，如需防治第二次，则在水稻抽穗50%左右时施药。如在齐穗期才用药，防治效果较差。可选用10%己唑醇每亩36~48毫升对水喷雾；或23%络铵酮每亩200毫升对水喷雾；或50%DT可湿性粉剂每亩150克对水喷雾。

发生稻曲病的稻穗

8月 下旬

水稻生育动态

水稻灌浆期/乳熟期。乳熟始期，籽粒鲜重快速增加；进入乳熟中期，籽粒干重开始不断增加。乳熟末期，鲜重达到最大，内部籽粒逐渐变硬变白。

重要农事

做好抽穗后20~30天的田间管理工作。可采取"跑马水"措施，保持田间最大持水量80%的水分状态以上即可，缺水则灌水，以防止土壤过早的缺水，造成叶鞘含水量的降低而引起倒伏。

水稻乳熟期植株群体

小贴士

吉林省水稻冷害年际间发生的规律：5–9月积温比历年平均低50℃为冷害指标，68年中有18年为冷害年，占26.5%，约4年一遇。5–9月积温比历年平均低100℃为严重冷害指标，68年中有10年，占14.7%，约7年一遇。

农事问答

吉林省稻区哪种类型的冷害发生频率高?

水稻冷害类型主要分为延迟型冷害、障碍型冷害和混合型冷害。近年来，随着栽培技术水平的提高，对防御延迟型冷害的能力也大幅度提高。但近年来，吉林省7–8月常出现阶段性低温而出现障碍型冷害，特别在抽穗前15天至抽穗后25天是水稻产量的决定期。如此阶段出现持续低温天气，会造成水稻结实率降低，引起产量减少。因此，障碍型冷害将成为吉林省今后相当一段时间内的主要冷害类型。

遭受障碍性低温冷害水稻植株

处暑

每年公历8月22–24日，太阳达到黄经150°时为处暑。其是反映气温变化的一个节气。《月令七十二候集解》中这样解释说："处，去也，暑气至此而止矣。"处是终止、躲藏之意。处暑表示炎热的夏天即将要过去了。

我国古代将处暑分为三候："一候鹰乃祭鸟，二候天地始肃，三候禾乃登"。意思是说处暑节气，老鹰开始大量捕猎鸟类，紧接着天地万物开始凋零，各种农作物开始进入成熟阶段。

处暑节气气温明显下降，昼夜温差变大，冷热变化是人们很难适应，稍微不注意就很容易引起呼吸道疾病、感冒以及肠胃炎等。

主要城市	长春市	吉林市	四平市	通化市	白城市	延吉市
平均最高气温（℃）	25.6	25.8	26.5	25.6	26.5	25.9
平均最低气温（℃）	15.6	14.5	16.2	15.6	14.5	15.2
平均气温（℃）	20.6	20.2	21.3	20.6	20.5	20.5

防灾减灾

吉林省低温冷害主动防御技术措施

1. 选用抗冷、优质、稳产的水稻品种，合理搭配品种结构。根据当地的气候资源确定每一地区的主要栽培水稻品种，明确安全齐穗期并根据所选用品种全生育期所需积温合理计划栽培，建立安全稻作期，以安全齐穗期来为基础调整和回避水稻孕穗和开花两个温度敏感期，并能按时成熟。如吉林省中熟和中晚熟品种的安全齐穗期在8月10日左右，延迟6天左右，则水稻不能正常成熟，易发生低温冷害。

2. 合理稀植，培育壮苗。在低温年，水稻秧苗素质对水稻生育及抗寒能力有影响，具体表现为幼苗抗寒能力最差，大苗抗寒能力最强，同时进行稀播，培育壮苗。

3. 合理施肥，减少氮肥施用量，提高抗寒性。水稻营养生长期施用氮肥过多、会造成水稻生长速度过快，易受低温冷害。同时针对吉林省水稻因前期施用氮肥过多，中后期贪青晚熟而遭遇延迟性冷害这一关键问题，改进吉林省施肥技术，改良后技术为全层底肥，氮肥分期施用，适期施穗肥，增施磷钾肥，同时增施有机肥、复合肥、生物磷肥和硅肥，提高水稻抗寒性。

4. 分蘖浅灌，适时深灌。分蘖期要进行浅灌，一般水深2~3厘米，目的是为了促进水稻根系生长，提高有效分蘖数。待幼穗形成期到孕穗期深灌到15~20厘米，即减数分裂期深灌护胎，此时易受害幼穗一般距离地表15厘米左右，深灌可保护幼穗不受低温冷害的影响，达到防御低温效果。

9月 上旬

水稻生育动态

水稻乳熟期 / 蜡熟期。蜡熟期籽粒内容物浓黏，无乳状物出现，鲜重开始下降，干重逐渐增加，谷壳稍微变黄。

重要农事

做好抽穗后 30~40 天的田间管理工作。此阶段应视土壤含水量、天气状况和籽粒成熟情况停止灌水，让田间水自然落干。如排水不畅或低洼地的稻田可适当提前几天断水，而易漏水田则应适当延长排水时间。

水稻乳熟期植株群体

小贴士

成熟期水分灌溉原则：蜡熟末期停灌，黄熟初期排干。灌浆结实期合理用水，可以达到养根、青秆成熟、浆足饱满的目的，一般吉林省稻区 9 月上旬开始停灌。

农事问答

为什么水稻要“活秆成熟”？

水稻在抽穗后每个茎上一般有 4~5 片绿叶，其中上 2 个叶主要是供给穗部营养，下面第四和第五叶主要供给根系营养，中间第三叶处于中间状态。如果根系不好，下面第四和第五叶变黄或活力不足，那么第三叶就主要将营养供给根系。如果第四和第五叶保持绿色，有活力，那么第三叶就主要将营养供给穗部。因此，如果保持第四叶和第五叶绿色，籽粒成熟就会更好，产量也就会有所提高。这就是为什么在水稻生产上普遍要求水稻活秆成熟的原因了。

活秆成熟的水稻群体

白露

每年公历9月7–9日，太阳达到黄经165°时为白露。处暑过后，气温降低，夜间温度已经达到成露条件，露水凝结较多，呈现白露。

我国古代将白露分为三候：“初候鸿雁来，二候玄鸟归，三候群鸟养羞”。这句话的意思就是说白露节气，鸿雁与燕子等候鸟准备南飞避寒，百鸟开始贮存干果以备过冬，俗语曰：“处暑十八盆，白露勿露身”意为处暑炎热需要每天用一盆水洗澡，十八天以后到了白露，就不能赤膊裸体了，防着凉。

白露节气大部分地区秋高气爽，风轻云淡，送走了高温酷暑季节，终于迎来了气候宜人的收获季节。

旬气象资料

主要城市	长春市	吉林市	四平市	通化市	白城市	延吉市
平均最高气温（℃）	23.5	23.6	24.5	23.4	24.2	23.9
平均最低气温（℃）	12.7	11.1	12.8	12.5	11.2	12.4
平均气温（℃）	18.1	17.4	18.7	18.0	17.7	18.2

暴雨抗灾减灾技术措施

水稻抽穗开花后遭受强大的暴雨或连续性暴雨袭击，对水稻产量影响较大。如遇暴雨天气，应采取以下四方面措施，可在一定程度上减少产量损失。

1. 排除田间积水。对暴雨淹涝积水稻田，暴雨结束后突击排除田间积水，抓好中后期水分管理。

2. 扶持稻株生长。后期遭遇台风暴雨造成倒伏后，采用扎把扶持、竹竿挑扶等应变措施减少水稻产量损失，减少倒伏和穗上发芽。

暴雨过后的吉林市

3. 化学调节。水稻成熟初期受暴雨倒伏，采用粉锈宁等化学调节，增加植株活力，防早衰。

4. 适时补充肥料。在水稻齐穗后，对那些生长中下的稻田，酌情施用粒肥，也可以用磷酸二氢钾进行叶面施肥，每公顷喷施0.5%的磷酸二氢钾溶液750~1 050千克。以维持较大光合面积，提高光合效率，尽可能提高结实率和千粒重。

9月 中旬

水稻生育动态

水稻腊熟期 / 黄熟期。黄熟期时谷壳变黄，米粒水分减少，籽粒变硬，不易破碎。

重要农事

做到适时收获。根据种植品种的熟期、谷粒成熟程度和天气状况确定适宜收获期。收获期确定后，适时收获可有利于提高整精米率和食味品质。如收获过早，穗下部易灌浆不足，青粒增多，造成品质和产量下降。而收获过晚，则米粒易断裂，碎米增多。同时做好收获前的准备工作。

水稻黄熟期植株群体

农事问答

收获前准备工作应重点做好哪些内容?

1. 做好田间准备工作。收获时期确定后，应提前将田间积水排放干净，选好机械进地入口，清理平铺池埂。并掌握收获面积、品种特征、稻谷含水量、预计产量、是否有倒伏等信息。同时，做好第二年种植规划，是否需要秸秆还田，是否进行秋翻，以利于机械正常作业保证收获质量。

2. 做好机械准备工作。在进入收获期前，应对收割机进行全面的检查和保养，吉林省稻区收获期短暂且气温较低，机械工作强度较大，如不进行及时有效保养易发生机械故障而影响收获工作（发动机保养：根据发动机的使用说明书进行保养，检查各主要部件的紧固情况。收割部件保养：检查易松的紧固件和连接件；检查各皮带、链条是否调节好；各润滑油点按规定加注润滑油；检查各部件，磨损严重或损坏的要更换）。在保养完毕后应进行磨合试运转，以排除运行故障。

适时收获

每月农谚歌

秋分天气白云多，到处欢歌好晚禾。最怕此时雷电闪，冬来米价道如何。

农谚

“白露秋分夜，一夜凉一夜”“秋分有雨来年丰”“人怕老来病，禾怕夹秋旱”“白露天气晴，谷米白如银”“七月核桃八月梨，九月柿子红了皮”“雷打秋，晚禾折半收”“秋分不露头，割掉喂老牛”“秋分天气白云多，到处欢歌好田禾”。

旬气象资料

主要城市	长春市	吉林市	四平市	通化市	白城市	延吉市
平均最高气温（℃）	21.5	21.5	22.5	21.6	22.2	22.3
平均最低气温（℃）	9.8	8.0	10.3	9.3	8.2	9.0
平均气温（℃）	15.7	14.8	16.4	15.5	15.2	15.7

霜冻预防技术措施

霜冻是指作物生长季节里因空气温度下降使植株体温降低到0℃以下，使农作物受到损害甚至死亡的气象灾害。如水稻苗期遇到霜冻，秧苗地上部死亡，受害轻的秧田土壤中的生长点可以继续生长发育，而受害重的秧田则需重播，延误农时；而水稻秋季遇到霜冻，则会严重影响水稻产量和品质。因此，如遇霜冻，应做好以下霜冻的预防措施，可在一定程度上减少损失。

1. 浇水法。适用于水稻苗期，在霜冻发生前一天下午，可将苗床浇足底水，利用水热容量大温度下降缓慢的特点，降低或缓解秧苗受害程度。低温过后要提早通风，避免因棚内温度上升过快，叶片内冰晶快速融化，造成二次伤害。

2. 灌水和喷水法。适用于本田时期，在霜冻发生前一天灌水，缓解温度变化；或用喷雾器对植株表面喷水，可使其体温下降缓慢，而且可以增加大气中水蒸气含量，水气凝结放热，以缓和霜害。明显的霜冻天，可多次喷水。

3. 熏烟法。在霜冻来临前点火熏烟，可有效地减轻霜冻灾害，一般熏烟能增温0.5~2℃。但要注意以下注意事项：首先应使烟火点应适当密些，使烟幕能基本覆盖预防区域；其次点燃时间要选择好，应在上风方向，午夜至凌晨2~3点钟点燃，至日出前仍有烟幕笼罩在地面为宜；而区域应联合大面积预防，小面积预防效果差。

9月 下旬

水稻生育动态

水稻完熟期。此阶段吉林省进入大面积收获阶段。由于水稻收获时期与水稻产量有直接的关系，如稻农要想达到高产，收获时间既不宜过早，也不宜过晚。

重要农事

做好水稻大面积收获工作。吉林省水稻收获时间一般在水稻出穗后55天开始至9月末结束。如果机械收割，可待田面干燥后进行收获，这样既能便于机械作业，同时也能使籽粒脱去部分水分，但收获时间一定要在10月15日前进行，尽量在枯霜到来之前完成收获（吉林省水稻收获期为9月20日至10月15日）。

收获后装车待运

稻谷卸车待晾

稻谷晾晒

收割作业行走原则：收割作业行走方式应保证三条原则。一是避免空车行走；二是利于装卸稻谷；三是利于收割，不漏割。在遵循以上三条原则的前提下可采用向心圆形收割法或穿梭收割法。收割时尽量保持直线行进。在遇到倒伏田块时，如果稻株已经为“倒”状态，则不宜机械收割；如果为“伏”状态，则行进方向应与倒伏方向相反，利于收割，减少丢穗漏穗。

秋分

每年公历9月22–24日，太阳达到黄经180°时为秋分。《春秋繁露·阴阳出入上下篇》中有这样的描述："秋分者，阴阳相半也，故昼夜均而寒暑平。"其有两层含义：一是太阳直射地球赤道，这一天24小时昼夜平分，各为12个小时；二是按照季节划分，秋分正好是秋季90天中间的这一天，平分了秋季，故有"分"的由来。

自秋分起，阳光直射的位置由赤道向南半球推移，北半球昼短夜长的现象将越来越显著，白天逐渐变短，而黑夜逐渐变长，昼夜温差也逐渐加大，气温逐日下降，一天比一天冷，预示着将逐渐步入深秋季节。

旬气象资料

主要城市	长春市	吉林市	四平市	通化市	白城市	延吉市
平均最高气温（℃）	19.7	19.5	20.7	19.7	19.9	20.5
平均最低气温（℃）	7.6	5.9	8.1	6.4	5.8	6.0
平均气温（℃）	13.7	12.7	14.4	13.1	12.9	13.3

小贴士

水稻的一生：水稻的一生要经历营养生长和生殖生长两个时期。营养生长期主要分为秧苗期和分蘖期两个时期；生殖生长期主要分为拔节孕穗期、抽穗开花期和灌浆结实期三个时期。其中拔节孕穗期是指幼穗分化开始到长出穗为止，一般需一个月左右；抽穗开花期是指稻穗从顶端茎鞘里抽出到开花齐穗这段时间，一般5~7天；灌浆结实期是指稻穗开花后到谷粒成熟的时期，又可分为乳熟期、蜡熟期和完熟期。

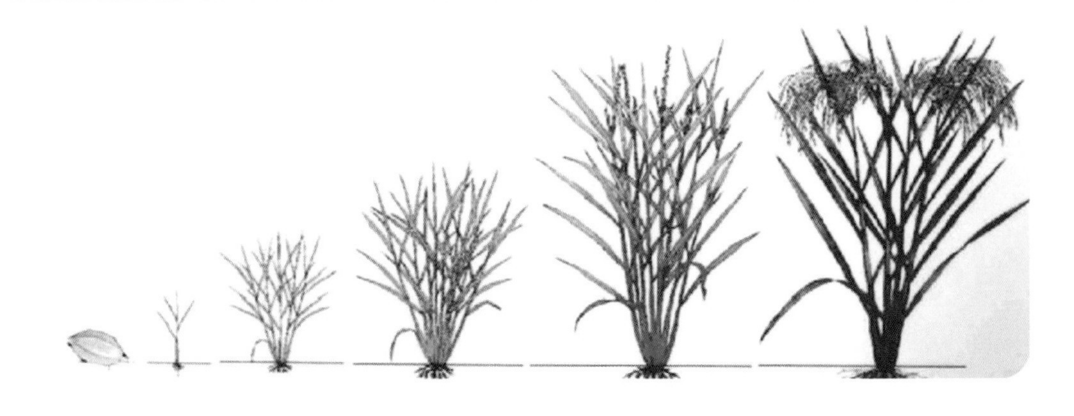

10月 上旬

重要农事

做好水稻收获的收尾工作。此阶段水稻收获基本结束，进入场院晾晒或机械干燥阶段。收割水稻可采用人工收割和机械收割，如采用人工收割水稻，应收割后在田间薄铺匀晒2~3天，再捆小把翻晒2~3天，即可脱粒晾晒，如遇雨天，应及时进行码垛。如采用机械收割水稻，以选用半喂入式为宜，机械收割后应马上将稻谷摊于晒场上或水泥地上晾晒2~4天，每天轻摊翻动数次，使其含水量到15%以下，以防止因稻谷含水量偏大，造成稻谷发热、霉变，产生黄曲霉，同时在晾晒过程中扫除大枝梗、碎叶和稻曲病粒等。晾晒后即可入仓贮存。

人工收割水稻

打捆晾晒稻

铺地晾晒稻谷

小贴士

水稻收割机的类型：水稻收割机按照喂入方式可分为全喂入式和半喂入式。全喂入联合收割机是指割台切割下来的谷物全部进入滚筒脱粒的联合收割机。其缺点是茎秆不完整，功耗消耗大，优点是可同步完成水稻秸秆粉碎，利于开展秸秆综合利用，工作效率高。半喂入联合收割机是指割台切割下来的稻茎仅穗头部进入脱粒滚筒脱粒的联合收割机。这种机型有效保持了茎秆的完整性，减少了脱粒、清选的功率消耗。

全喂式收割机

半喂式收割机

寒露

每年公历10月8–9日，太阳达到黄经195°时为寒露。《月令七十二候解集》中记载："九月节，露气寒冷，将凝结也。"《素问·六元正纪大论》中描述："五之气，惨令已行，寒露下，霜乃早降。"都说的是寒露节气气温比白露时更低，露水也更凉，快要凝结成霜了。

我国古代将寒露分为三候："初候鸿雁来宾，二候雀入大水为蛤，三候菊有黄华。"说的就是在寒露这个节气鸿雁排成一队向南迁，而雀鸟都不见了，海边突然出现很多蛤蜊，由于贝壳条纹及颜色与雀鸟很像，人们以为是雀鸟变成的，同时菊花此刻也已全部开放。

旬气象资料

主要城市	长春市	吉林市	四平市	通化市	白城市	延吉市
平均最高气温（℃）	16.8	17.1	17.9	17.5	17.2	18.3
平均最低气温（℃）	5.1	3.0	5.6	3.8	3.0	2.9
平均气温（℃）	11.0	10.1	11.8	10.7	10.1	10.6

小贴士

收获的标准：稻谷的蜡熟末期至完熟初期，其含水量在20%~25%最为适宜。此时稻谷植株大部分叶片由绿变黄，稻穗失去绿色，穗中部变成黄色，稻粒饱满，籽粒坚硬并变成黄色就应收获。

收割作业要点

1. 确定合理的工作量。收割时喂入量应合理，切勿超负荷喂入，割幅在割台宽度的90%为宜。

2. 确定合理的作业速度。收割时应根据品种特性、水田面积、土壤湿度、稻谷含水量、气候条件等因素进行确定收割作业速度，切勿一味追求快速导致机械故障发生。当地块平坦且干燥、稻谷含水量较低时，适当加快收割速度；当雨后或稻谷含水量较高时，应降低收割速度，保证收割质量。我国东北稻区秋季温度较低，往往会有霜冻现象发生。因此，上午时稻谷含水量大，收割速度应降低，午后稻谷含水量降低可加快收割速度。

10月 中旬

重要农事

做好稻谷的晾晒和贮存工作。稻谷的贮存方法有两种：一是干燥贮存，在干燥、通风、低温的情况下，稻谷可以长期保存不变质；二是密闭贮存，将贮存用具及稻谷进行干燥，使干燥的谷粒处于与外界环境条件相隔绝的情况下进行保存。

稻谷晾晒

稻谷烘干设备

稻谷入仓贮存

小贴士

稻谷保管注意事项：稻谷的颖壳较坚硬，对籽粒起保护作用，能在一定程度上抵抗虫害及外界温、湿度的影响。因此，稻谷比一般成品粮好保管。但是稻谷易生芽，不耐高温，需要特别注意。如连遇阴雨，未能及时收割、脱粒、整晒，那么稻谷在田间、场地就会发芽。稻谷脱粒、整晒不及时，连草堆垛，容易沤黄。生芽和沤黄的稻谷，品质和保管稳定性都大为降低。稻谷不耐高温，过夏的稻谷容易品质劣变；烈日下曝晒的稻谷，或曝晒后骤然遇冷的稻谷，容易出现“爆腰”现象。新稻谷入仓后不久，如遇气温下降，往往在粮堆表面结露，使表层粮食水分增高，不利储藏，应及时降低表层储粮水分。

稻谷临时存放

1. **防止水分过高的稻谷发芽。**当自然温度高于10℃、稻谷含水量为23%~25%时，稻谷就能发芽。因此，在收获期间如果遇到连续阴雨天气，要及时进行收获、脱粒、整晒，以防止稻谷在田间或晒场发芽。

2. **避免粮堆温差，勤翻晒通风。**如果稻谷高温时节存入仓房，谷堆易发生显著温差，从而造成水分分层，导致谷堆结露，甚至发热发霉。因此，在进行稻谷临时存放时，要经常检查粮食温度，如局部温度过高，应及时进行翻晒通风。

每月农谚歌

初一飞霜侵损民，重阳无雨一天晴。月中火色人多病，若遇雷声菜价高。

农谚

“寒露不算冷”“一场秋雨一场寒”“寒露无青稻，霜降一齐倒”“十月有霜，粮食满仓”“十月宜下霜，无霜来年荒”“白露早，寒霜迟，立冬麦子不及时”“十月雨涟涟，高山叶是田”“霜降变了天”。

旬气象资料

主要城市	长春市	吉林市	四平市	通化市	白城市	延吉市
平均最高气温（℃）	13.5	13.8	14.7	14.5	13.5	15.2
平均最低气温（℃）	2.0	0.6	2.6	1.3	-0.1	0.4
平均气温（℃）	7.8	7.2	8.7	7.9	6.7	7.8

农事问答

如何防止有害微生物对贮藏稻谷的危害?

1. 在稻谷入仓前消除尘土、稻株碎片等杂质。应采用风扬或机选稻谷，去除尘土和杂质，提高贮存稻谷的净度，同时还要做好入仓前清仓消毒工作。

2. 尽可能地提高稻谷的入仓质量。特别应注意降低稻谷水分，控制仓内和粮堆的相对湿度在65%以下，使贮存的稻谷保持干燥，可有效控制微生物的生长繁殖，达到安全贮存的目的。

3. 低温条件下贮存稻谷。一般情况下，稻谷湿度在20%以下时，大部分侵染谷物的微生物的生长速度就显著降低，温度降低到10℃左右时，发育更迟缓，有的甚至停止活动，温度降至0℃左右时，大多数微生物停止活动，危害也随之降低至最低限度。因此，有条件的应选择低温贮存稻谷。

4. 做好粮仓内的密闭与通风。低水分贮存稻谷可采用密闭保管的方法，以提高贮存的稳定性和延长安全贮存期，而高水分含量的稻谷则不宜采用密闭贮存。同时要做好仓内的通风工作，以降低稻谷水分和湿度。

10月 下旬

重要农事

做好秋整地工作。此阶段吉林省大部分稻区开始进行秋季翻地，秋翻宜早不宜晚。应尽量在秋收后及早进行，使土壤有充分时间进行熟化，蓄存秋季降水。而秋翻过晚，有可能赶上秋雨，不仅增加翻地成本，翻地质量也得不到保证，翻后易形成黏条状，干后变成块状，进而影响春季水田泡田的进度和质量。同时秋翻地要注意土壤湿度，以土壤含水量在 20% 左右进行翻地为宜，优先翻耕土质粘重的地块。秋翻后如在上冻前有足够时间可以进行旋耕作业，减轻春耕工作压力。对于秋季降水量大、田间积水排不出去的稻区，可采用春翻代替秋翻。

旋地

翻地

深松

小贴士

水田秋翻地具体质量标准：一般耕深 15~18 厘米，耕深要一致，地面平整；犁地要平，扣垡要严；不漏耕，不跑茬，不得有立垡；尽量减少开闭垄；地头、地边、地角都要耕起。

秋翻地注意事项

1. 做好秋翻地机具的准备。一般在 9 月完成对拖拉机与犁的检修工作，保证检修质量，使机具处于良好的工作状态。

2. 水田秋翻地的土地准备。秋翻地前，应将条田内横梗坝埂铲平，以利机耕作业顺利进行，并防止损坏机具和影响秋翻地质量。条田化地区多采用反翻一犁后正翻，进行二区套翻耕作业。内翻和外翻隔年交替进行。

3. 秋翻地适宜时机。秋翻地一般只有 15~25 天，作业时间比较短，应力争提早下地作业。本着先易后难、先集中后分散的原则，以加快秋翻地进度。

霜降

每年公历10月23-24日，太阳达到黄经210° 时为霜降。《月令七十二候解集》中描述："九月中，气肃而凝，露结为霜矣。"说的就是霜降节气天气更冷了，露水凝结成霜。霜降节气也是秋季的最后一个节气。

我国古代将霜降分为三候："一候豺乃祭兽，二候草木黄落，三候蛰虫咸俯。"在霜降节气中豺狼将捕获的猎物先陈列后在食用，大地上的树叶开始枯黄掉落，蛰虫不动不食的全部待着洞里，进入了冬眠状态。人们有"霜降杀百草"之说。被严霜打过打过的植物，一般都会丧失生机，这时因为植物体内的液体，由于霜冻结成冰晶，细胞内水分外渗，造成原生质严重脱水而变质。

旬气象资料

主要城市	长春市	吉林市	四平市	通化市	白城市	延吉市
平均最高气温（℃）	9.8	10.1	11.0	11.0	9.4	11.7
平均最低气温（℃）	-0.7	-1.7	-0.3	-1.1	-3.4	-1.8
平均气温（℃）	4.6	4.2	5.4	5.0	3.0	5.0

农事问答

如何进行大米的贮藏?

正常情况下，大米一般是不进行贮藏的。如因特殊情况需要贮藏一定数量的大米，需要注意大米发热发霉、陈化以及虫害三个问题，围绕这三个问题，通常大米贮藏有下列三种方法。

1. 自然低温密闭法。适用于工厂和农户，无需复杂机械。从冬季温度降至到10℃进行密闭，封闭要严，尽量保持低温。如不能全部处理，可先从上层分层进行处理。

2. 机械制冷贮藏法。适用于工厂，需要利用制冷机械。此方法是保管大米安全过夏的重要办法。利用机械制冷贮藏大米，一般应具备低温存储库，控制温度15℃左右，可有效抑制虫霉的发生。

3. 二氧化碳密闭包装贮藏法。适用于工厂。此方法是一种比较理想的大米贮藏方法，其主要采用抗拉性强而又不透气的特制复合聚乙烯薄膜袋，用冬眠密封包装机把大米装入袋中，同时充入二氧化碳气体置换出袋中空气，然后进行封口密闭，经过一段时间后，出现类似真空包装的硬块。能抗压防潮，便于贮藏和运输。

11月 上旬

重要农事

做好农机维护与保管工作。此时吉林省大部分稻区进入秋季整地的收尾阶段，在秋季整地后，应对所用农机进行必要的维修和防护工作，以备下一年使用。如有条件，可建立农机库棚，将农机入库保管。

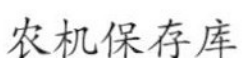
农机保存库

入库保管的拖拉机

入库保管的插秧机

小贴士

农业机械具保管的重要性：农业机械由于受季节的限制，每年工作时间较短，多数农业机械使用不到一个月，如插秧机、收获机等，约工作10天，多数时间处于停放保管阶段。如果对农业机械保管不善，停放期间的损耗会超过工作期间的损耗。

农事问答

如何做好水田农机具的保管工作？

做好水田农机具的保管工作，有利于延长农机具的使用寿命，提高作业效率。因此，在保管过程中应着重做好以下四方面的工作。

1. 在农机具入库保管前应进行全面的清洗。目的是去除农机具上的泥土和杂草等。如农机具上掉漆处，应进行涂漆或涂防锈油脂，以防生锈，腐蚀农机具。如果是拖拉机还应放出冷却水。

2. 常用农机具应分区进行管理。在放置农机具时要保证各机具间有一定的间隔，以便在保养和维护时人员的进出入。

3. 接地工作部件应垫起。对于拖拉机的链轨以及农机具上的行走装置，应用木板垫起，使其不直接与地面接触。轮式拖拉机应将轮轴架起，使轮胎离开地面。

4. 放松部件。像农机具上的拉紧弹簧、伸缩弹簧以及起落杆等部件应适当放松，延长部件使用寿命。

立冬

每年公历 11 月 7–8 日，太阳达到黄经 225° 时为立冬。古代将立冬为冬季的开始。《月令七十二候解集》中有这样的描述："立，建始也。冬，终也，万物收藏也" 意思就是说秋季作物都已经收晒完毕，入库保存，动物也藏起来准备冬眠了。

我国古代将立冬分为三候："初候水始冰，二候地始冻，三候雉入大水为屋。" 说的就是在立冬节气中水已经能结成冰了，土地也渐渐开始冻结了，野鸡一类的大鸟便少见了，认为雉到了立冬后就变成大蛤了。按照气候学标准划分，冬季是指下半年月平均气温降至 10℃以下。

旬气象资料

主要城市	长春市	吉林市	四平市	通化市	白城市	延吉市
平均最高气温（℃）	6.1	6.2	7.7	7.7	5.3	8.2
平均最低气温（℃）	-4.1	-4.9	-3.0	-3.4	-7.2	-4.6
平均气温（℃）	1.0	0.7	2.4	2.2	-1.0	1.8

农事问答

农业机械预防维护措施应重点注意哪些问题？

1. 防锈。为防止金属零部件锈蚀，在使用后，必须清洗尘土。维修保养后，最好将农业机械放置在棚库中，停放在干燥的砖地上。

2. 防弯曲变形。农业机械在保管过程中必须使其受力方向尽可能合理。这样，机件不易变形。如弹簧要保持在松弛状态，支垫要匀称，机上不要堆放较重物品等。

3. 防老化。橡胶件由于空气中的氧和阳光中的紫外线作用，容易产生老化现象。老化使橡胶件弹性减弱并容易折裂。因此，轮胎及橡胶件应放到库内保管。在保管中，必须将橡胶件粘好，防止日晒，保持库内温度在 -10~10℃，相对湿度在 50%~80% 为宜。对轮胎还可以采用涂石蜡的办法，以隔绝胎面与空气的接触。

4. 防冻。为了防止冻裂，应该将农业机械内部的冷却水全部放净，蓄电池也应卸下，放在室内按蓄电池保管规定处理。

5. 防火。停放农业机械的地方应设置专用灭火器，砂箱及其他防火设备，建立起严格的防火制度。

11月 中旬

重要农事

做好农机闲置期保管工作。此阶段吉林省大部分稻区秋季整地已经全面结束，应做好秋收后农机的入库保管。

小贴士

农机安全作业口诀

运输作业险情多，遵章守法要自觉。
疏忽违章出车祸，千古遗恨吃苦果。
田间作业不马虎，处处警惕防事故。
一不小心出了事，损失惨重无法估。
固定作业倍小心，注意观察周围人。

吉林省主推技术

超级稻品种及配套栽培技术： 关键技术是培育带蘖壮秧，控制无效分蘖，争取大穗。技术要点如下。

1. 适时早育、早插。钵体育苗的播种量保持在每钵 2~4 粒，机械插秧保持每盘播芽种 80~120 克。一般 4 月 10 日左右开始播种，钵体育苗 4.5 叶插秧，盘育苗 3.5 叶后插秧，从 5 月中旬开始，最好 5 月 25 日前结束。

2. 合理稀植。目前吉林省育成的超级稻品种基本上是适合稀植的少蘖大穗型品种，插秧密度不易过稀或过密，一般每平方米 15~20 穴，每穴插秧株数钵体苗 2~3 株，机插盘育苗 3~4 株为宜。

3. 合理施肥。超级稻的施肥应控制在每公顷纯氮 160~180 千克，按底肥 40%，蘖肥 20%，穗肥 30%，粒肥 10% 比例分期施用；纯磷 50~75 千克作底肥；氧化钾 50~75 千克分两次施用，即底肥 60%，孕穗期结合穗肥施 40%。

4. 科学灌水。移栽后 3 厘米左右浅水；分蘖后期分蘖过多，长势繁茂的地块适当晒田控制无效分蘖；孕穗期间隙灌水，即水干后，灌一次 3 厘米水，干了再灌；出穗后 15 天左右保持 3 厘米水层，撤水时间根据田块决定，撤水越晚撤越好，撤水时间最低应在齐穗期 35 天以后。

每月农谚歌

立冬之日怕逢壬，来岁高田枉费心。此日更逢壬子日，灾秧预报损人民。

农谚

“地不冻，犁不停”“土能生万物，地可发千金”“小雪封地地不封，大雪封河河无冰”“立冬不拔菜，一定受霜害”“立冬收萝卜，小雪收白菜”“一场冬雪一场财，一场春雪一场灾”“不怕重阳十三雨，只要立冬一日晴”

旬气象资料

主要城市	长春市	吉林市	四平市	通化市	白城市	延吉市
平均最高气温（℃）	1.1	1.7	3.0	3.8	1.0	3.3
平均最低气温（℃）	-8.6	-10.0	-7.0	-7.1	-11.1	-8.4
平均气温（℃）	-3.8	-4.2	-2.0	-1.7	-5.1	-2.55

拖拉机闲置期的保管技术要点

1. 农闲季节拖拉机应保管在库内或棚下，否则，应有雨布遮盖，场地应高坎无积水。停放的拖拉机之间必须保持一定的距离（50~80 厘米），以便检查、保养和出入方便。在入库保管前，应清除拖拉机上的尘土、油污，并按保养规定对各润滑部位进行润滑。放出燃油箱燃油，放出冷却水，秋冬季在有水泵的发动机放水时须摇转曲轴数圈。

2. 露天保管时，发电机、磁电机和起动机须用防水布套盖或卸下单独保管。拆下保管时，需将其相应的孔眼堵严，以防止灰尘进入。所有的传动胶带也应卸下入库保管。

3. 蓄电池须卸下入库保管，存放在干燥不结冰的室内，电桩头擦净后涂上黄油，正极应包布绝缘，并应经常检查电解液与电压，按规定时间充电。

4. 放松减压机构，用木塞堵住排气管口。油漆脱落处应重新涂上油漆，没有防蚀物的金属表面应涂上防锈油脂。

11月 下旬

重要农事

做好农闲时期仓储鼠害的预防工作。此阶段吉林省大部分稻区正式进入了农闲时期，在此时期要注意仓储鼠害的预防。由于鼠类不但取食粮食，而且还污染粮食，特别是有些老鼠身上带有传染疾病病原菌，对人体健康危害很大。

小贴士

鼠类的防治方法：①提前预防鼠害。包括采用各种措施破坏老鼠的基本生存条件或改变老鼠的生态环境，如食物、栖息条件和隐蔽条件等。采用这种防治方法，虽然不能直接杀死老鼠，但却可以使仓储地周围老鼠的数量尽可能的减少，并维持一定的水平。②及时灭鼠。包括采用化学药剂、鼠类病原微生物与天敌以及机械器具消灭老鼠。此种方法可在短期内大量消灭老鼠，但同时鼠类的高繁殖能力也将进步一提升，数量很容易回升，而如果使用化学药剂（磷化锌、安妥、敌鼠等）灭鼠，操作者在灭鼠时一旦使用不当，很容易造成环境污染，威胁人畜安全。因此，对于仓鼠的防治应采用以预防为主、灭鼠防治为辅的综合防治措施。

农机事故五大原因

1. 维修前准备工作不充分。比如将拖拉机身或农具支垫牢固，用硬物掩好轮胎等。这些准备工作看起来是小事，但决不能忽略。车在维修前，要做好充分准备工作。

2. 调试、修理或排除故障不切断电源。比如有的机手在收割作业中，因碰到割刀缠绕杂草、输送或脱粒等部件堵塞、皮带脱落等小故障时，为了抢时间，在未切断动力的情况下，直接用手去排除故障或安装，常常造成打伤手或手指被切断。

3. 维修技术不熟练。机修工由于维修技术不熟练，未弄清机械部件结构，不懂拆装窍门，盲目硬拆硬装，凭力气蛮干。

4. 维修不彻底。不少机手贪图眼前利益，认为修理时能省则省，平时不注意检查、保养。

5. 不注意防火。农机修理场所一般需要用柴油或汽油清洗零件，所以修理场地要严禁烟火。在进行电气焊接时，要注意附近是否有油箱。修理车间应备好防火用具，以防不测。

小雪

每年公历 11 月 22–23 日，太阳达到黄经 240° 时为小雪。入冬以后，天气冷，开始下雪，小雪时，始下雪。《月令七十二候解集》中写到："十月中，雨下而为寒气所薄，故凝而为雪。小者未盛之辞"意思是说降雪的开始时间和程度。

我国古代将小雪分为三候："一候虹藏不见，二候天气上升地气下降，三候闭塞而成冬。"意为由于天空中的阳气上升，地中的阴气下降，造成阴阳不交，万物失去生机，天地闭塞而转入严寒的冬天。此时，冷空气使得我国北方大部分地区气温降至到了 0℃以下。

旬气象资料

主要城市	长春市	吉林市	四平市	通化市	白城市	延吉市
平均最高气温（℃）	2.0	-1.6	-0.3	0.1	-2.2	0.0
平均最低气温（℃）	-12	-13.3	-10.6	-10.8	-14.3	-11.7
平均气温（℃）	-7.0	-7.5	-5.5	-5.4	-8.3	-5.9

吉林省主推技术

水稻二化螟生物防治新技术：该技术通过田间自然种群发生动态以及比较研究发现稻螟赤眼蜂和松毛虫赤眼蜂为吉林省防治水稻二化螟的优势蜂种，具有极强的寄生能力与适应性。吉林省农业大学通过自主开发设计适合水田释放寄生蜂防治害虫的新型放蜂器，研发出大、小卵繁育赤眼蜂混合释放防治水稻螟虫新技术可作为吉林省生产绿色、有机稻米主要技术措施之一，技术要点如下：

1. 田间放蜂时间的确定。于 6 月初开始田间设置二化螟性诱剂，并根据性诱剂监测结果，确定当地二化螟发蛾高蜂期，进而开展释放赤眼蜂防治二化螟；赤眼蜂防治二化螟的第一次放蜂时间定在当地二化螟发蛾高蜂初期。

2. 田间释放方法。根据性诱剂监测结果，在二化螟发蛾高峰初期，田间抛投含有即将羽化赤眼蜂的放蜂器，每亩平均 3 个放蜂器，总放蜂量为 1 万头赤眼蜂（其中松毛虫赤眼蜂 8 000 头，稻螟赤眼蜂 2 000 头），每隔 5 天放蜂一次，共放蜂 3 次，总计放蜂量为每亩 3 万头。

3. 注意事项。应注意应用赤眼蜂生物防治二化螟时在放蜂前一定做到预测预报，确定放蜂时期；同时还要注意放蜂器在放蜂之前一定注意保存，温度不可过高，最好低温冷藏保存，避免赤眼蜂由于温度过高提前孵化。

12月 上旬

重要农事

做好农闲时期农技知识学习工作。此阶段吉林省大部分稻区农业推广部门开始举办各种农技培训工作，如有时间和条件的稻农应积极参加本地区组织的农技培训，了解新品种和新技术，以期掌握科学的种稻方法，提高水稻产量，增加自身收入水平。

农事问答

优质稻米评价指标有哪些?

稻米品质是一个综合性状，评价指标主要包括加工品质、外观品质、蒸煮和食用品质、营养品质和卫生品质五个方面。

1. 外观品质。指稻米的外在特征，即是否好看。其主要包括粒形、透明度、垩白粒率、垩白大小、垩白度等。优质稻米要求米粒透明有光泽，无或少有垩白，米粒粒形则根据当地消费者的喜好不尽相同。

2. 加工品质。指稻谷加工成稻米过程中所表现出来的特征。包括糙米率、精米率和整精米率。优质稻米要求“三率”要高。

3. 蒸煮和食用品质。指稻米在蒸煮和食用过程中表现出来的特征，即是否好吃。其主要包括糊化温度、直链淀粉含量、胶稠度和米饭食味。一般来说直链淀粉含量适当偏低、蛋白质含量低、胶稠度软和粗脂肪含量高的稻米，其蒸煮食味品质较好。

4. 营养品质 。指稻米中的主要营养物质，主要包括蛋白质含量、氨基酸组成、矿物质含量。

5. 卫生品质 。指稻米在生产过程中由于受到环境、农药、重金属等污染，其有毒有害物质在稻米中残留的含量。其主要包括农药残留、重金属和化学肥料的污染程度，不属于稻谷品种评价指标。

吉林省农业科学院举办的吉林省首期米饭食味品评培训班

大雪

每年公历12月6–8日，太阳达到黄经255°时为大雪。大雪，雪量大。《月令七十二候解集》中有这样的记载："大者，盛也，至此而雪盛也。"说的就是大雪时，雪下的大，地面可有积雪。

我国古代将大雪分为三候："一候鹖鴠不鸣，二候虎始交，三候荔挺出。"描述的就是在大雪节气中寒号鸟因为天气寒冷不再鸣叫了，老虎这时开始有求偶的行为，荔挺此刻感到阳气的萌动而抽出新芽。大雪时节，我国大部分地区的最低温度均已降到了0℃以下。虽然此时节天气更冷，降雪的可能性也要比小雪时更大，大雪过后各地降水量均有所减少。

旬气象资料

主要城市	长春市	吉林市	四平市	通化市	白城市	延吉市
平均最高气温（℃）	-4.7	-4.2	-3.0	-2.7	-5.3	-2.8
平均最低气温（℃）	-14.3	-15.9	-13.0	-14.0	-17.2	-14.3
平均气温（℃）	-9.5	-10.1	-8.0	-8.4	-11.3	-8.6

特色美食

白肉酸菜血肠

李连贵熏肉大饼

庆岭活鱼

打糕

雪绵豆沙

米肠

冷面

灶台鱼

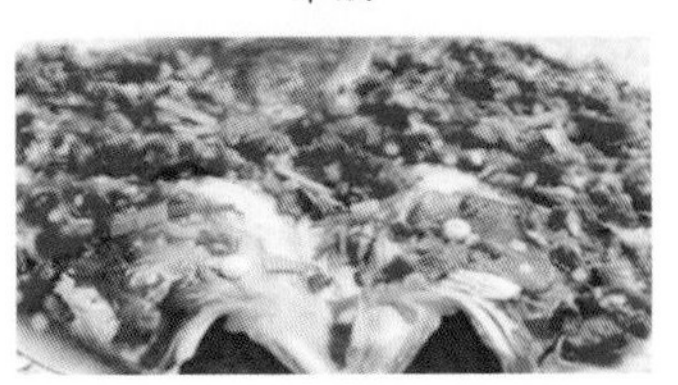

剁椒鱼头

12月 中旬

重要农事

做好农闲时期防寒保暖工作。此阶段吉林省大部分地区天气越来越寒冷，如有畜禽，应做好畜禽的保温防寒工作，保证安全越冬。

小贴士

无公害稻米：指在良好的生态环境条件下，遵循无公害生产技术操作规程，其产品不受农药、重金属等有害物质污染，或污染含量不超过规定指标，卫生安全质量符合有关强制性国家标准及法律规定的稻米产品。

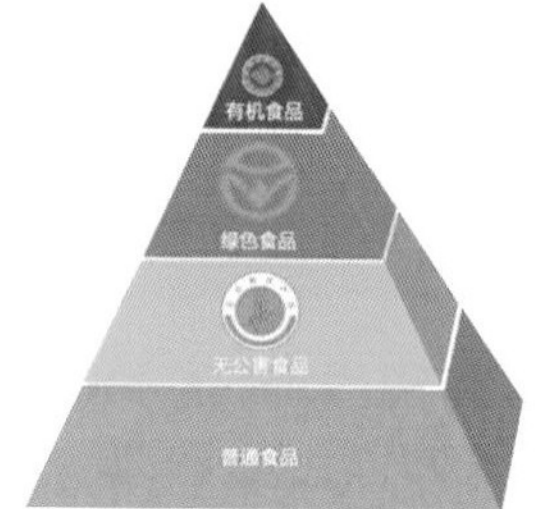

食品金字塔

绿色食品稻米：指遵循可持续发展原则，按照特定农业生产方式生产，经专门机构认定，许可使用绿色食品标志商标的无污染的安全、优质、营养类稻米及其产品。绿色食品稻米根据其安全性和认证指标要求，分为AA级和A级绿色食品稻米。

有机米：指在生产过程中绝对不施用任何化学肥料和有机合成物质。以生物学和生态学为理论基础，按照特定的生产模式生产出来的一种优质稻米。有机稻米及其产地需要经专门机构认定，颁发许可生产标志。

稻米饮食文化

《周书》中有“神农氏时，民方食谷，释米加烧石上而食之。”从古到今，人类饮食经历了追求果腹、美味、健康三个阶段，各种米制品业应运而生，如米发糕、甜米酒、米粉、年糕等以及符合现代健康理念的留胚米、发芽米、合成米等。

米糕

米酒

米发糕

每月农谚歌

初一有风多疾病，更兼大雪有灾魔。冬至天晴无雨色，明年定唱太平歌。

农谚

“瑞雪兆丰年”“吃了冬至面，一天长一线”“冬至过，地皮破”“要得来年熟，冬寒三场白”“数九寒天冬至到，时以日久渐渐冷”“冬至大似年，家家吃汤圆”“九九八十一天过，冬至阳生春又回”“冬至是头九，两手藏袖口”。

旬气象资料

主要城市	长春市	吉林市	四平市	通化市	白城市	延吉市
平均最高气温（℃）	-6.8	-6.2	-4.9	-4.6	-6.7	-4.8
平均最低气温（℃）	-16.6	-19.0	-15.3	-16.7	-19.1	-16.7
平均气温（℃）	11.7	-12.6	-10.1	-10.7	-12.9	-10.8

小贴士

稻田画：又称稻田彩绘，主要是以绿色及紫色叶水稻种植于水田中，栽种时先在农田里用传统画线器，画出九宫格，依图样定出坐标，再牵线描出图样或字体轮廓，最后种上紫色秧苗，随着水稻生长，就会呈现出预先规划的图形或文字。

稻田画

12月 下旬

重要农事

做好一年经验总结工作。总结一年来的种稻经验，查找不足之处并找到解决办法，同时根据自身实际情况订制目标，为来年水稻生产做好准备。

小贴士

冬至吃饺子：每年农历冬至这天，不论贫富，饺子都是必不可少的节日饭。谚云："十月一，冬至到，家家户户吃水饺。"这种习俗是因纪念"医圣"张仲景冬至舍药留下的。冬至吃饺子是不忘"医圣"张仲景"祛寒娇耳汤"之恩。至今在我国南阳仍有"冬至不端饺子碗，冻掉耳朵没人管"的民谣。

包饺子步骤

农事问答

稻米品质主要影响因素有哪些?

1. 品种的遗传特性。这是影响稻米品质的最主要因素。研究表明，直链淀粉含量是受一对主效基因控制的，垩白是受单基因控制的，胶稠度是受单显基因或一对主效基因控制的。

2. 环境因素。主要包括气象因素、土壤肥力因素、灌溉水质。影响最大的是气象因素，尤其是灌浆结实期的温度和光照对稻米品质影响最大。吉林省常规粳稻灌浆结实期最适宜温度为21.5~26℃、温度过高或过低均不利于良好碾米品质、外观品质和食味品质的形成。如高温会使糙米率、精米率和整精米率降低，并增加稻米垩白粒率和垩白度，从而影响稻米品质。其次是土壤肥力因素和灌溉水质，一般来说排水良好的沙壤土生产的粳稻食味明显好于泥炭土、草炭土生产的粳稻；而用天然无污染地表水灌溉种植的粳稻，米质明显优于井水灌溉种植的粳稻。

3. 栽培措施因素。如肥料施用、农药施用、收获时间以及加工条件都会对稻米品质产生一定影响。因此，生产优质食味稻米的关键就在于掌握适合当地气候及土壤条件的氮素施用量，并在适宜的时期进行收获和加工。

冬至

每年公历12月21–23日，太阳达到黄经270°时为冬至。由于该节气日白昼最短，古代也称之为“日短至”。早在春秋时期，我国就已经用土圭观察太阳测定出冬至，其也是二十四节气中最早制定出的气节之一。

我国古代将冬至分为三候：“初候蚯叫结，二候集角解，三候水泉动。”描写的就是在冬至节气中土中蚯叫仍旧蜷缩着身体，麋感阴气渐消而解角，山中的泉水能够流动并且温热。冬至过后，全国各地区气候就进入了一个最寒冷的时期，也就是人们常常说的“进九”。俗语曰“冷在三九，热在三伏”，冬至就是所说的“头九”。

旬气象资料

主要城市	长春市	吉林市	四平市	通化市	白城市	延吉市
平均最高气温（℃）	-8.8	-9.2	-6.8	-6.6	-9.1	-6.4
平均最低气温（℃）	-18.7	-22.3	-17.4	-19.1	-21.4	-18.2
平均气温（℃）	-13.8	-15.7	-12.1	-12.9	-15.2	-12.3

什么是有机食品?

有机食品是指来自于有机农业生产体系，根据国家有机农业标准生产、加工和销售，并通过合法有机认证机构认证的、供人类食用的产品。包括粮食、蔬菜、水果、畜禽产品、奶制品、蜂蜜、水产品、坚果、调料、饮料等。

有机食品认证标识

有机食品判断标准

◆原料来自于有机农业生产体系或野生天然产品。

◆有机食品在生产和加工过程中必须严格遵循有机食品生产、采集、加工、包装、贮藏、运输标准。

◆有机食品生产和加工过程中必须建立严格的质量管理体系、生产过程控制体系和追踪体系，因此一般需要有转换期；这个转换过程一般需要2~3年时间，才能够被批准为有机食品。

◆有机食品必须通过合法的有机食品认证机构认证。

主要参考文献

吕厚军，崔伟，吕波．2015. 现代农事与节气［M］．北京：化学工业出版社．

侯立刚，马巍，赵国臣，等．2012. 吉林省水稻低温冷害发生现状及综合防御措施［J］．吉林农业科学．37(4):1—3.

曲彬秋．2014. 浅谈农业机械保养维修技巧与注意事项［J］．农业开发与装备，(11):97—97.

曲世勇，郭丽娜．2012. 水稻各生育期需水规律及水分管理技术［J］．吉林农业，(2):100—101.

朱德峰．2010. 水稻生产防灾减灾技术［M］．北京：中国农业出版社．

赵国臣，崔金虎．2002. 吉林盐碱地水稻栽培技术［M］．长春：吉林科学技术出版社．

赵国臣．2011. 吉林省稻作生产与展望［J］．北方水稻，41(6):1—5.

张培江．2009. 优质水稻生产关键技术百问百答［M］．北京：中国农业出版社．

陈温福．2010. 北方水稻生产技术问答［M］．北京：中国农业出版社．

盛广华．2009. 北方水稻病虫害综合防治［M］．北京：中国农业出版社．

邹德堂，赵宏伟．2008. 寒地水稻优质高产栽培理论与技术［M］．北京：中国农业出版社．

曹剑巍，李荣．2012. 水稻常见缺素症状图谱及矫正技术［M］．北京：中国农业出版社．

曹静明．1993. 吉林稻作［M］．北京：中国农业科技出版社．

孙艳梅，原亚萍，李广羽．2005. 吉林水稻有害生物原色图谱［M］．吉林：吉林科学技术出版社．

袁炳富．2010. 节气与农事［M］．合肥：安徽大学出版社．

王龙俊，丁艳锋，郭文善．2016. 东北地区农事旬历指导手册［M］．南京：江苏凤凰科学技术出版社．

王成瑷，周广春．2015. 吉林省水稻生产实用技术［M］．长春：吉林人民出版社．

王维国，李铁男，岳国峰．2012. 盐碱地种稻新技术［M］．哈尔滨：黑龙江科学技术出版社．